PEARSON

[美] | Alan R. Feuer | 著

杨涛 王建桥 杨晓云 | 译

C 语言解惑

The C Puzzle Book

人民邮电出版社

北 京

图书在版编目（CIP）数据

C语言解惑 /（美）富勒（Feuer, A. R.）著；杨涛，
王建桥，杨晓云译. -- 北京：人民邮电出版社，2016.3（2021.12重印）
ISBN 978-7-115-35114-2

Ⅰ．①C… Ⅱ．①富… ②杨… ③王… ④杨… Ⅲ．①
C语言—程序设计 Ⅳ．①TP312

中国版本图书馆CIP数据核字(2015)第007124号

版 权 声 明

- ◆ 著　　　　　［美］Alan R. Feuer
  译　　　　杨　涛　王建桥　杨晓云
  责任编辑　傅道坤
  责任印制　张佳莹　焦志炜
- ◆ 人民邮电出版社出版发行　　北京市丰台区成寿寺路 11 号
  邮编　100164　　电子邮件　315@ptpress.com.cn
  网址　http://www.ptpress.com.cn
  固安县铭成印刷有限公司印刷
- ◆ 开本：800×1000　1/16
  印张：10.25　　　　　　　2016 年 3 月第 1 版
  字数：189 千字　　　　　2021 年 12 月河北第 7 次印刷
  著作权合同登记号　图字：01-2007-0544 号

定价：35.00 元
读者服务热线：(010)81055410　印装质量热线：(010)81055316
反盗版热线：(010)81055315

内 容 提 要

　　本书脱胎于作者在 C 语言的摇篮——贝尔实验室教授 C 语言的讲稿，几乎涵盖了 C 语言各个方面的难点，并包含了一些其他书籍很少分析到的问题。在每个谜题后面都有详尽的解题分析，使读者能够清晰地把握 C 语言的构造与含义，学会处理许多常见的限制和陷阱，是一本绝佳的 C 语言练习册。

　　本书结构清晰，循序渐进，适合于 C 语言的初学者，可用作高校计算机相关专业的辅助教材，同时也可供具有一定 C 语言编程经验的读者复习提高之用。

前　言

C语言并不大——如果以参考手册的篇幅作为衡量标准的话，C语言甚至可以归为一种"小"语言。不过，这种"小"并不意味着C语言的功能不够强大，而是说明了C语言里的限制性规则比较少。C语言本身的设计非常简洁精妙，这一点相信C语言的使用者早已有所体会。

不过，C语言的这种精妙对C语言的初学者来说，似乎是故作神秘。因为限制较少，C语言可以写成内容丰富的表达式，这可能会被初学者认为是输出错误。C语言的紧凑性允许以简洁凝炼的方式实现常见的编程任务。

学用C语言的过程，与学用其他的程序设计语言一样，大致可以分为三个阶段（这样的分段想必读者在其他的教科书里已见过很多次了）。第一阶段是理解这种语言的语法，这至少需要达到编译器不再提示程序存在语法性错误的程度。第二阶段是了解编译器将赋予正确构造的结构什么含义。第三阶段是形成一种适合这种语言的编程风格；只有到了这一阶段，才能编写出清晰简洁而又正确的程序。

本书中的谜题是我们为了帮助广大读者迅速通过C语言学习过程中的第二阶段而准备的。它们不仅可以检验读者对C语言语法规则的掌握程度，还可以引导读者接触一些很少涉及的问题，绕过一些常规的限制，跳过几个打开的陷阱。（我们必须承认，C语言也有一些需要一定的编程经验才能掌握的难点，在这方面与其他程序设计语言没有什么两样。）

请不要把本书的谜题视为优秀的代码范例，事实上，本书的某些代码相当不容易理解。但这也正是我们编写本书的目的之一。编写失当的程序往往却能成为一个有意义的谜题：

- ❏ 表达含混，必须参照一本语法手册才能看懂；
- ❏ 结构过于复杂，数据结构和程序结构不够清晰，难以记忆和理解；
- ❏ 某些用法晦涩难懂，在运用某些概念的时候不遵守有关的标准。

本书中的谜题全部基于ANSI标准的C语言，涉及的某些功能可能有某些编译器不支持。

不过，因为ANSI C是绝大多数C语言版本的超集，所以即使你们的编译器不支持书中涉及的某项功能，它也很可能会以另外一种方式实现。

如何使用这本书

本书是标准C语言教材[1]的绝佳配套读物。本书分为9章，每章探讨一个主题，各章均由C语言代码示例构成，分别对该章主题的各个方面进行探讨。在那些代码示例里有许多print语句，而本书的主要工作就是分析每段示例代码的输出到底是什么。书中的示例程序都是彼此独立的，但后面的谜题需要把前面的谜题搞清楚之后才容易理解。

每个程序的输出紧接在相应的程序代码的后面给出。这些程序都已经在"Sun工作站+Unix操作系统"和"PC + MS/DOS操作系统"环境下调试通过。少数例子在这两种平台上有不同的输出，我们分别给出这两种输出。

本书的大部分篇幅是一步一步地解释各类谜题的答案，相关的C语言编程技巧就穿插在解释内容里。

做谜题的一般顺序是这样的：

❑ 阅读C语言教科书里该主题的相关内容。
❑ 阅读本书与该主题相关的章节里的每一段示例程序：
    —— 做各段示例程序相关的谜题；
    —— 把你的答案与书中给出的程序输出进行对照；
    —— 阅读本书对解决方案的解释。

致谢

本书脱胎于我在C语言的诞生地——贝尔实验室教授C语言的讲稿。来自听课人员的踊跃反应使得我有勇气把这些谜题及其答案整理成书。有许多朋友和同事对本书的草稿提出了宝贵的建议和指教，他们是：Al Boysen，Jr.、Jeannette Feuer、Brian Kernighan、John Linderman、David Nowitz、Elaine Piskorik、Bill Roome、Keith Vollherbst和Charles Wetherell。最后，我要感谢贝尔实验室为我提供的有利环境和大力支持。

Alan Feuer

---

1. 推荐人民邮电出版社即将出版的美国主流教材《C程序设计：现代方法》（K. N. King著）。——译者注

目　　录

第 1 章

操作符

C语言程序由语句构成，而语句由表达式构成，表达式又由操作符和操作数构成。C语言中的操作符非常丰富——本书的附录B所给出的操作符汇总表就是最好的证据。正是因为这种丰富性，为操作符确定操作数的规则就成为了我们理解C语言表达式的核心和关键。那些规则——即所谓的"优先级"和"关联性"——汇总在本书附录A的操作符优先级表里。请使用该表格来解答本章中的谜题。

谜题 1.1 基本算术操作符

请问，下面这个程序的输出是什么？

```
main()
{
    int x;

    x = -3 + 4 * 5 - 6; printf("%d\n",x);          (1.1.1)
    x = 3 + 4 % 5 - 6; printf("%d\n", x);           (1.1.2)
    x = - 3 * 4 % - 6 / 5; printf("%d\n",x);        (1.1.3)
    x = ( 7 + 6 ) % 5 / 2; printf("%d\n",x);        (1.1.4)
}
```

输出：

```
11
```
(1.1.1)
```
1
```
(1.1.2)
```
0
```
(1.1.3)
```
1
```
(1.1.4)

解惑 1.1 基本算术操作符

1.1.1

`x = -3 + 4 * 5 - 6`

在解答这道谜题之前,请大家先把附录A中的操作符优先级表从头到尾好好看一遍。

`x = (-3) + 4 * 5 - 6`

在这个表达式里,优先级最高的操作符是一元操作符"-"。我们将使用括号来表明操作符与操作数的绑定情况。

`x = (-3) + (4*5) - 6`

在这个表达式里,优先级第二高的操作符是乘法操作符"*"。

`x = ((-3) + (4*5))-6`

"+"和"-"操作符的优先级是一样的。如果操作符的优先级相同,它们与操作数的绑定顺序将由该级别的关联规则来决定。具体到"+"和"-",关联是从左到右。所以先对"+"操作符进行绑定。

`x = (((-3) + (4*5))-6)`

接下来,对"-"操作符进行绑定。

`(x = (((-3) + (4*5))-6))`

最后绑定的是出现在操作符优先级表末尾的"="操作符。把每个操作符的操作数都确定下来之后,我们就可以对表达式进行求值了。

`(x = ((-3 + (4*5))-6))`

对于这个表达式,求值过程将按由内而外的顺序进行。

`(x = ((-3+20)-6))`

把每一个子表达式替换为相应的计算结果。

`(x = (17-6))`

`(x = 11)`

`11,一个整数`

对赋值表达式而言,它的值是"="操作符右边的计算结果,类型是"="操作符左边的变量的类型。

> 关于*printf*：printf是C语言标准函数库提供的一个格式化输出函数。printf函数的第一个参数是一个格式字符串，它描述了后面的参数将如何输出。"%"引出参数的输出规范。在谜题1.1这段程序里，"%d"将使得printf函数对第二个参数进行分析然后将其输出为一个十进制整数。printf函数也可以用来输出字面字符。在这个程序里，还输出了一个换行符，这需要在格式字符串里给出换行符的名字（\n）。

1.1.2

```
x = 3 + 4 % 5 - 6
```
这个表达式与前一个很相似。

```
x = 3 + (4 % 5) - 6
x = (3 + (4 % 5)) - 6
x = ((3 + (4 % 5)) - 6)
(x = ((3 + (4 % 5)) - 6))
```
按照操作符的优先级和关联规则进行绑定（求余操作符"%"在这里的用途是求出4除以5的余数）。

```
(x = ((3 + 4) - 6))
(x = (7 - 6))
(x = 1)
1
```
按由内而外的顺序逐步求出表达式的值。

1.1.3

```
x = -3 * 4 % - 6 / 5
```
这个表达式比前两个要稍微复杂一点儿，但只要严格按照操作符的优先级和关联规则就可以求出。

```
x = (-3) * 4 % (- 6) / 5
```

```
x = ((-3) * 4) % (- 6) / 5
```
"*"、"%"和"/"操作符的优先级是一样的，它们将按从左到右的顺序与操作数相关联。

```
x = (((-3) * 4) % (- 6)) / 5
x = ((((-3) * 4) % (- 6)) / 5)
(x = ((((-3) * 4) % (- 6)) / 5))
```

```
(x = (((-3 * 4) % - 6) / 5))
```
按由内而外的顺序逐步求出表达式的值。
```
(x = ((-12 % - 6) / 5))
(x = (0 / 5))
(x = 0)
0
```

1.1.4

```
x = (7 + 6) % 5 / 2
```
当然，我们并非不能改变预先定义好的操作符优先级。我们总可以用括号来明确地表明我们想先进行哪些计算。

```
x = (7 + 6) % 5 / 2
```
括号里的子表达式将首先绑定。

```
x = ((7 + 6) % 5) / 2
```
接下来，像刚才那样根据操作符的优先级和关联规则进行绑定。

```
x = (((7 + 6) % 5) / 2)
(x = (((7 + 6) % 5) / 2))
(x = ((13 % 5) / 2))
(x = (3 / 2))
```
求值。

```
(x = 1)
```
整数运算的结果将舍弃小数部分。
```
1
```

> **关于编程风格**：正如我们在前言里讲的那样，本书里的程序并不是应当仿效的范例。这些程序只是为了让大家开动脑筋去思考C语言的工作机制而设计的。不过，既然也是程序，这些谜题本身当然也会涉及编程风格的问题。一般来说，如果一段代码总是需要程序员求助于参考手册才能读懂的话，那它要么是编写得不够好，要么是需要增加一些注释来提供缺少的细节。

本谜题的这组题传达了这样一个信息：在复杂的表达式里，使用括号有助于读者搞清楚操作符与操作数之间的关联关系。

谜题 1.2　赋值操作符

请问，下面这个程序的输出是什么？

```c
#define PRINTX printf("%d\n",x)

main()
{
    int x = 2,  y,  z;

    x *= 3 + 2; PRINTX;                                    (1.2.1)
    x *= y = z = 4; PRINTX;                                (1.2.2)
    x = y == z; PRINTX;                                    (1.2.3)
    x == ( y = z ); PRINTX;                                (1.2.4)
}
```

输出:

```
10                                                    (1.2.1)
40                                                    (1.2.2)
1                                                     (1.2.3)
1                                                     (1.2.4)
```

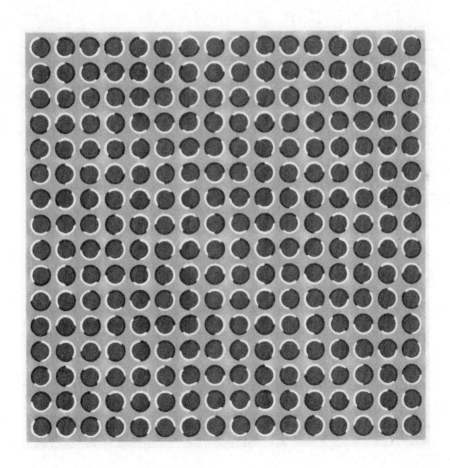

解惑 1.2 赋值操作符

1.2.1

初始值：x=2

x *= 3 + 2	按照操作符的优先级和关联规则进行绑定。
x *= (3 + 2)	正如我们刚才看到的那样，赋值操作符的优先级低于算术操作符（"*="是一个赋值操作符）。
(x *= (3 + 2))	
(x *= 5)	求值。
(x = x*5)	把赋值操作扩展为它的等价形式。
(x = 10)	
10	

关于 *define*：本谜题的程序以

```
#define PRINTX  printf("%d\n", x)
```

这条语句开头。在C程序里，以"#"字符开头的代码行都是一条C预处理器语句。预处理器的工作之一是把一个记号字符串替换为另一个。这个程序里的define语句，告诉预处理器把代码里的"PRINTX"记号全部替换为字符串"printf("%d\n", x)"。

1.2.2

初始值：x=10

x *= y = z = 4	
x *= y = (z = 4)	在这个表达式里，所有的操作符都是赋值，所以绑定顺序将由关联规则决定。赋值操作符的关联规则是从右到左。
x *= (y = (z = 4))	
(x *= (y = (z = 4)))	

```
(x *= (y = 4))
(x *= 4)
40
```

求值。

1.2.3

初始值：y=4,z=4

```
x = y == z
```

```
x = (y == z)
```

"="（赋值）与"=="（是否相等）之间的区别经常让一些C语言的初学者感到困惑。根据C语言的操作符优先级表，"=="操作符的优先级要高于"="操作符。

```
(x = (y == z))
(x = (TRUE))
```

```
(x = 1)
```

关系操作符和相等操作符的结果要么是TRUE（用整数值1表示）要么是FALSE（用整数值0表示）。

```
1
```

1.2.4

初始值：x=1,z=4

```
x == (y = z)
```

```
(x == (y = z))
```

在这个表达式里，因为使用了括号，所以赋值操作将优先于相等比较。

```
(x == 4)
```

求值。

FALSE,即0

这个表达式的求值结果是0。但因为变量x的值没有发生变化（"=="操作符不改变其操作数的值），所以PRINTX语句仍将输出1。

谜题 1.3   逻辑操作符和增量操作符

请问,下面这个程序的输出是什么?

```
#define PRINT(int) printf("%d\n",int)

main()
{
    int x, y, z;

    x = 2; y = 1; z = 0;
    x = x && y || z; PRINT(x);                                    (1.3.1)
    PRINT( x || ! y && z );                                       (1.3.2)

    x = y = 1;
    z = x ++ - 1; PRINT(x); PRINT(z);                             (1.3.3)
    z += - x ++ + ++ y; PRINT(x); PRINT(z);                       (1.3.4)
    z = x / ++ x; PRINT(z);                                       (1.3.5)
}
```

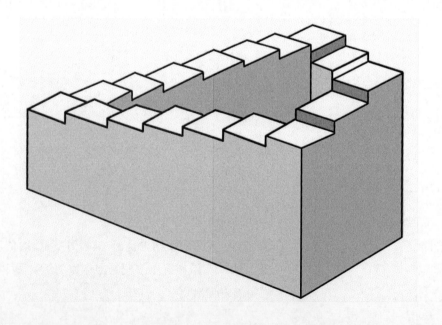

输出：

1	(1.3.1)
1	(1.3.2)
2	(1.3.3)
0	
3	(1.3.4)
0	
?	(1.3.5)

解惑 1.3　逻辑操作符和增量操作符

1.3.1

初始值：x=2,y=1,z=0

x = x && y || z

x = (x && y) || z	按照操作符的优先级和关联规则进行绑定。
x = ((x && y) || z)	
(x = ((x && y) || z))	

(x = ((TRUE && TRUE) || z))	逻辑操作符的求值顺序是从左到右。逻辑操作符的操作数如果是0，则解释为FALSE；如果是非零值，则解释为TRUE。

(x = (TRUE || z))	只有两个操作数都是TRUE，逻辑与（&&）的结果才会是TRUE；其他情况的求值结果都将是FALSE。

(x = (TRUE || 任意值))	只要有一个操作数是TRUE，那么不管另一个操作数是什么，逻辑或（||）的结果都将是TRUE。因此，我们不必再对这个表达式继续求值了。

(x = TRUE)
(x = 1)
1

> *再谈define*：这个程序里的define语句与前一个程序里的define语句有所不同：这个程序里的"PRINT"是一个带参数的宏。在遇到带参数的宏时，C语言的预处理器将分两步进行替换：先把宏定义里的形式参数替换为实际参数，再把宏调用替换为宏定义体。

在这个程序里，"PRINT"宏有一个形式参数int。"PRINT(x)"是使用实际参数"x"进行的"PRINT"调用。在扩展"PRINT"调用的时候，C语言预处理器会先把宏定义里的所有"int"替换为"x"，再把宏调用"PRINT(x)"替换为结果字符串"printf("%d\n", x)"。请注意,形式参数int并不是匹配单词"printf"里的"int"字符的。这是因为宏定义里的形式参数是标识符——具体到这个例子,形式参数int只对标识符int进行匹配和替换。

1.3.2

初始值: x=1,y=1,z=0

x || ! y && z

x || (! y) && z	对操作符和操作数进行绑定。
x || ((! y) && z)	
(x || ((! y) && z))	
(TRUE || ((! y) && z))	按从左到右的顺序求值。
(TRUE || 任意值)	
TRUE,即1	

1.3.3

初始值: x=1,y=1

z = x ++ - 1

z = (x ++) - 1	对操作符和操作数进行绑定。
z = ((x ++) - 1)	
(z = ((x ++) - 1))	
(z = (1 - 1)),此时x=2	出现在操作数右边的"++"操作符是所谓的"后"递增操作符:先在表达式里用该操作数完成有关的计算,再对它进行递增。
(z = 0)	
0	

1.3.4

初始值：`x=2,y=1,z=0`

```
z += - x ++ + ++ y
```

```
z += - (x ++) + (++ y)
```
一元操作符的关联是从右到左，因而"++"操作符将先于一元操作符"-"得到绑定。（事实上，如果先去绑定"-"操作符的话，这个表达式将无法成立。这是因为"++"和"--"操作符都要求以一个变量（更准确地说，以一个"左值"[1]）作为其操作数。"x"是一个左值，但"-x"不是。）

```
z += (- (x ++)) + (++ y)
z += ((- (x ++)) + (++ y))
(z += ((- (x ++)) + (++ y)))
```

`(z += ((-2) + 2))`,此时`x=3,y=2`   按照从内到外的顺序依次求值。
```
(z += 0)
(z = 0 + 0)
(z = 0)
0
```

---

1. lvalue，能够出现在赋值操作符 "=" 左侧的记号。——译者注

> 关于记号：计算机程序的源代码文本是由一系列记号构成的，而编译一个程序的第一项工作就是把那些记号一个一个地分解开。这在绝大多数场合都没有什么困难，但有些字符序列可能会让人感到困惑。比如说，如果上面这个例子里的表达式有一部分根本没有空格——就像下面这样：
>
> ```
> x+++++y
> ```
>
> 那么，这个没有空格的表达式与有空格的表达式还会是等价的吗？
>
> 为避免产生二义性，如果一个字符串能够解释为多个操作符，C语言编译器将按照"构成操作符的字符个数越多越好"的原则来作出选择。根据这一原则，"x+++++y"解释为：
>
> ```
> x++ ++ + y
> ```
>
> 而这已经不是一个合法的表达式了。

1.3.5

初始值：x=3,z=0

```
z = x / ++ x
z = x / (++ x)
z = (x / (++ x))
(z = (x / (++ x)))
```

　　如果你还像以前那样按照从内到外的顺序对这个表达式进行求值，即先对x进行递增，然后作为除数、用x作被除数去进行除法计算。问题是：作为被除数的x到底是几？是3还是4？换个问法，被除数到底是递增前的x值，还是递增后的x值？请注意，C语言并没有对这种"副作用"作出明确的规定，而是由C编译器的编写者决定的[1]。这个例子的教训是：如果你无法断定会不会产生副作用，那么就尽量不要写这样的表达式。

---

1. 这里所说的"副作用"是指在执行一条本身并无语法错误的语句时会产生的难以确定的后果。C程序的副作用几乎都与变量的值（比如上面这个例子里的递增操作或一个赋值操作的计算结果）无法预料有关。

谜题 1.4   二进制位操作符

请问，下面这个程序的输出是什么？

```
#define PRINT(int) printf(#int " = %d\n", int)

main()
{
  int x,  y,  z;

  x = 03; y = 02; z = 01;
  PRINT( x | Y & z );                                            (1.4.1)
  PRINT( x | y & ~ z );                                          (1.4.2)
  PRINT( x ^ y & ~ z );                                          (1.4.3)
  PRINT( x & y && z );                                           (1.4.4)


  x = 1; y = -1;
  PRINT( ! x | x );                                              (1.4.5)
  PRINT( ~ x | x );                                              (1.4.6)
  PRINT( x ^ x );                                                (1.4.7)
  x <<= 3; PRINT(x);                                             (1.4.8)
  y <<= 3; PRINT(y);                                             (1.4.9)
  y >>= 3; PRINT(y);                                             (1.4.10)
}
```

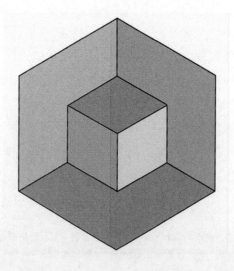

输出：

```
x | y & z = 3                                           (1.4.1)
x | y & ~ z = 3                                         (1.4.2)
x ^ y & ~ z = 1                                         (1.4.3)
x & y && z = 1                                          (1.4.4)
! x | x = 1                                             (1.4.5)
~ x | x = -1                                            (1.4.6)
x ^ x = 0                                               (1.4.7)
x = 8                                                   (1.4.8)
y = -8                                                  (1.4.9)
y = ?                                                   (1.4.10)
```

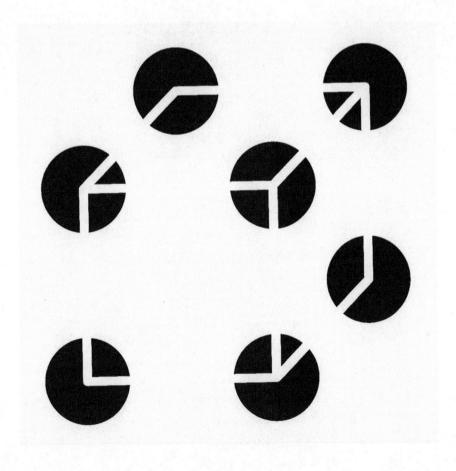

解惑 1.4   二进制位操作符

1.4.1

初始值：x=03,y=02,z=01

x | y & z

在C语言里，以零（0）开头的整数常数是八进制数值。因为八进制很容易转换为二进制，所以八进制数值很适合用来进行各种二进制位操作。在这道谜题里，01、02、03（八进制）与1、2、3（十进制）完全等价，而我们在此明确地使用八进制数值的目的是，为了提醒读者注意这道谜题是对变量x、y和z的值进行位操作。

(x | (y & z))

对操作符和操作数进行绑定。

(x | (02 & 01))

先对最内层的表达式求值。

(x | 0)

在二进制里，01=1，02=10，03=11

```
   10
 & 01
 ————
   00
```

(03 | 0)

03

```
   00
 | 11
 ————
   11
```

PRINT宏：这个程序里的"PRINT"宏需要用到C语言预处理器的"#"操作符和字符串合并操作。这个"PRINT"宏有一个形式参数int。在扩展的时候，形式参数int将被替换为宏调用里的实际参数。在形式参数的前面加上一个"#"字符作为前缀，将使得实际参数被括在一对双引号里。于是

```
PRINT(x | y & z)
```

将被扩展为：

```
printf("x | y & z" " = %d\n", x | y & z)
```

C语言预处理器会自动将相邻的字符串合并，所以这又等价于：

```
printf("x | y & z = %d\n", x | y & z)
```

1.4.2

初始值：x=03,y=02,z=01

x | y & ~ z

(x | (y & (~ z)))

(x | (y & ~ 01))   "~"操作符对它的操作数按位求补，所以"0...01"将
                                       变成"1...10"。

(x | (02 & ~ 01))

(03 | 02)   在二进制里，

```
    0...010
  & 1...110
  ─────────
    0000010
```

3

```
     10
   | 11
   ────
     11
```

1.4.3

初始值：x=03,y=02,z=01

```
x ^ y & ~ z
```

```
(x ^ (y & (~ z)))
```

这道谜题与前一题大同小异，只是把逻辑或操作符（|）换成了异或操作符（^）而已。

```
(x ^ (02 & ~01))
(03 ^ 02)
```

1

在二进制里，

```
      10
  ^   11
  ————————
      01
```

1.4.4

初始值：x=03,y=02,z=01

```
x & y && z
((x & y) && z)
((03 & 02) && z)
(02 && z)
(TRUE && z)
(TRUE && 01)
(TRUE && TRUE)
```

TRUE，即1

只有当两个操作数都是TRUE时，"&&"操作的结果才会是TRUE。

1.4.5

初始值：x=01

```
! x | x
```

```
((! x) | x)
((! TRUE) | x)
(FALSE | 01)
(0 | 01)
01
```

1.4.6

初始值：x=01

```
~ x | x
((~x)|x)
(~01|01)
```

-1

在二进制里，

```
  1...110
| 0...001
————————————
  1...111,即-1
```

（不管x的值是什么，这道谜题的答案都是相同的。实际上，在使用二进制补码来表示负数的平台（如Intel 8086系列或Motorola 68000系列）上，这道谜题的答案永远是-1；在使用1的补码来表示负数的平台上，这道谜题的答案将是-0。在这本书里，凡是涉及具体机器的谜题都使用二进制补码来表示负数。）

1.4.7

初始值：x=01

```
x ^ x
(01 ^ 01)
```

0

在二进制里，

```
          0...01
    ^     0...01
    _____
          0...00
```

（不管x的值是什么，这道谜题的答案都是相同的）

1.4.8

初始值：`x=01`

`x <<= 3`

`x = 01 << 3`

`x = 8`

在二进制里，

```
       0000...01
    <<         3
    _____
       0...01000`，也就是`8`。
```

从效果上看，每左移一位就相当于乘以2。

1.4.9

初始值：`y= -01`

`y <<= 3`

`y = -01 << 3`

`y = -8`

在二进制里，

```
       1111...11
    <<         3
    _____
       1...11000`，也就是`-8`。
```

1.4.10

初始值：`y= -08`

```
y >>= 3
y = -08 >> 3
```

这道谜题的答案似乎显而易见：y= -1，可惜情况并非总是如此——有些计算机在进行右移操作时不保留操作数的符号位，而且C语言本身也不保证移位操作的结果在数学意义上肯定是正确的。不管怎样，还是使用更为清晰的除以8的表达方式，即"y/8"。

谜题 1.5　关系操作符和条件操作符

请问，下面这个程序的输出是什么？

```
#define PRINT(int) printf(#int " = %d\n",int)

main()
{
    int x=1,  y=1,  z=1;

    x += y += z;
    PRINT( x < y ? y : x );                              (1.5.1)

    PRINT( x < y ? x ++ : y ++ );
    PRINT(x); PRINT(y);                                  (1.5.2)

    PRINT( z += x < y ? x ++ : y ++ );
    PRINT(y); PRINT(z);                                  (1.5.3)

    x = 3; y = z = 4;
    PRINT( (z >= y >= x) ? 1 : 0 );                      (1.5.4)
    PRINT( z >= y && y >= x );                           (1.5.5)
}
```

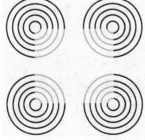

输出：

```
x < y ? y : x = 3                                              (1.5.1)
x < y ? x ++ : y ++ = 2                                        (1.5.2)
x = 3
y = 3
z += x < y ? x ++ : y ++ = 4                                   (1.5.3)
y = 4
z = 4
(z >= y >= x) ? 1 : 0 = 0                                      (1.5.4)
z >= y && y >= x = 1                                           (1.5.5)
```

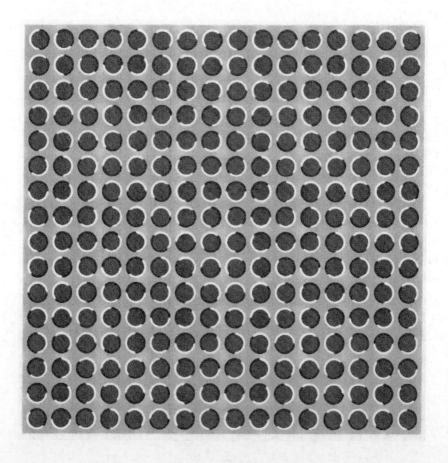

解惑 1.5　关系操作符和条件操作符

1.5.1

初始值：x=3,y=2,z=1

x < y ? y : x

(x < y) ? (y) : (x)　　　　　　除了涉及三个操作数以外，条件操作符与其他操作符没
　　　　　　　　　　　　　　什么区别。

((x < y) ? (y) : (x))

(FALSE ? (y) : (x))　　　　　　先对条件求值，再根据其求值结果对"真"或"假"两
　　　　　　　　　　　　　　个分支之一进行处理——这两种情况不可能同时发生。

((x))　　　　　　　　　　　　在这道谜题里，条件的求值结果是FALSE，所以这个条
　　　　　　　　　　　　　　件表达式的值是"假"分支的值。

(3)

3

1.5.2

初始值：x=3,y=2,z=1

x < y ? x++ : y++
((x < y) ? (x++) : (y++))

(FALSE ? (x++) : (y++))　　　　先对条件求值。

((y++))　　　　　　　　　　　条件的求值结果是FALSE，所以接下来要对"假"分支
　　　　　　　　　　　　　　进行求值。

(2),此时y=3

2　　　　　　　　　　　　　　（请注意：因为x++没有被求值，所以x的值仍是3）

1.5.3

初始值：x=3,y=3,z=1

```
z += x < y ? x++ : y++
(z += ((x < y) ? (x++) : (y++)))
(z += (FALSE ? (x++) : (y++)))
```

(z += ((y++)))　　　　　　　　条件表达式的结果成为赋值操作符右侧部分的值
　　　　　　　　　　　　　　　（右值）。

(z += (3))，此时y=4
(z = z + 3)
(z = 4)
4

1.5.4

初始值：x=3,y=4,z=4

```
(z >= y >= x) ? 1 : 0
(((z >= y) >= x) ? (1) : (0))
```

((TRUE >= x) ? (1) : (0))　　　按从内到外的顺序对条件求值。

((1 >= x) ? (1) : (0))　　　　最内层的条件的求值结果是TRUE。这个结果将与
　　　　　　　　　　　　　　　整数x进行比较。这种比较在C语言里是允许的，
　　　　　　　　　　　　　　　因为C语言里的TRUE值其实就是整数1。不过，这
　　　　　　　　　　　　　　　种做法并不好——具体到这道谜题，我们想检查z
　　　　　　　　　　　　　　　是否比y和x都大，但最终的求值结果显然不符合
　　　　　　　　　　　　　　　事实。（谜题1.5.5给出了对三个数值进行比较的正
　　　　　　　　　　　　　　　确做法。）

(FALSE ? (1) : (0))
((0))
0

1.5.5

初始值：x=3,y=4,z=4

```
z >= y && y >= x
((z >= y)&&(y >= x))
```

```
(TRUE&&(y>=x))                      按从左到右的顺序求值。
(TRUE&&TRUE)
(TRUE)
1
```

谜题 1.6　操作符的优先级和求值顺序

请问，下面这个程序的输出是什么？

```
#define PRINT3(x,y,z) \
            printf(#x "=%d\t" #y "=%d\t" #z "=%d\n",x,y,z)

main()
{
    int x,  y,  z;

    x = y = z = 1;
    ++x || ++y && ++z; PRINT3(x,y,z);              (1.6.1)

    x = y = z = 1;
    ++x && ++y || ++z; PRINT3(x,y,z);              (1.6.2)

    x = y = z = 1;
    ++x && ++y && ++z; PRINT3(x,y,z);              (1.6.3)

    x = y = z = -1;
    ++x && ++y || ++z; PRINT3(x, y, z);            (1.6.4)

    x = y = z = -1;
```

```
++x || ++y && ++z; PRINT3(x,y,z);                              (1.6.5)

x = y = z = -1;
++x && ++y && ++z; PRINT3(x,y,z);                              (1.6.6)
}
```

输出：

x=2	y=1	z=1	(1.6.1)
x=2	y=2	z=1	(1.6.2)
x=2	y=2	z=2	(1.6.3)
x=0	y=-1	z=0	(1.6.4)
x=0	y=0	z=-1	(1.6.5)
x=0	y=-1	z=-1	(1.6.6)

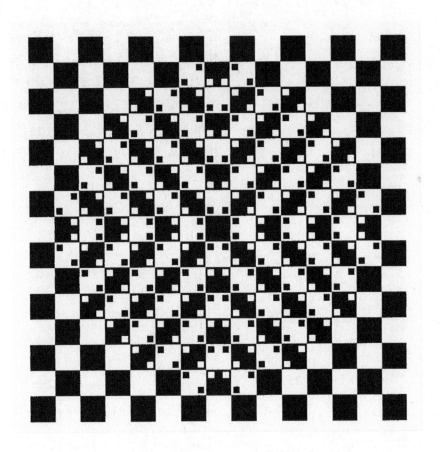

解惑 1.6　操作符的优先级和求值顺序

1.6.1

初始值：x=1,y=1,z=1

++ x || ++ y && ++ z

((++ x) || ((++ y) && (++z)))   把操作数绑定到操作符上。

(2 || ((++ y) && (++z))),此时x=2   按从左到右的顺序依次求值。

(TRUE || 任意值)   因为"||"操作符的左操作数是TRUE,所以没
有必要继续求值了。事实上,C语言肯定不会继
续求值——按照C语言里的有关规则,在按从左
到右的顺序对一个逻辑表达式求值的时候,只
要知道了它的实际结果,就不会再对其余部分
求值。具体到这道谜题,这意味着y和z的值仍
将是1。

TRUE,即1

1.6.2

初始值：x=1,y=1,z=1

++ x && ++ y || ++z
(((++ x) && (++ y))||(++z))

((TRUE && (++ y))||(++z)),此时x=2

((TRUE && TRUE)||(++z)),此时y=2   按从左到右的顺序依次求值。
(TRUE||(++z))

TRUE,即1   变量z的值没有发生变化。

1.6.3

初始值：x=1,y=1,z=1

++ x && ++ y && ++z

(((++ x) && (++ y)) && (++z))

((2 && 2) && (++z))，此时x=2,y=2

(TRUE && (++z))

(TRUE && TRUE)，此时z=2

TRUE，即1

1.6.4

初始值：x= -1,y= -1,z= -1

++ x && ++ y || ++ z

(((++ x) && (++ y)) || (++z))

((0 && (++ y)) || (++z))，此时x=0

((FALSE && (++y)) || (++z))

(FALSE || (++z))

因为"&&"操作符的左操作数是FALSE，所以没有必要对++y求值。可是，"||"操作的结果现在还不能确定。

(FALSE || (0))，此时z=0

(FALSE || FALSE)

FALSE，即0

1.6.5

初始值：x= -1,y= -1,z= -1

++ x||++ y && ++z

((++ x)||((++ y) && (++z)))

(FALSE||((++ y) && (++z))),此时x=0

(FALSE||(FALSE && (++z))),此时y=0

(FALSE||(FALSE)

FALSE,即0

1.6.6

初始值: x= -1,y= -1,z= -1

++ x && ++ y && ++z

(((++ x) && (++ y)) && (++z))

((FALSE&&(++ y)) && (++z)),此时x=0

(FALSE && (++z))

FALSE,即0

关于逻辑操作符的副作用：正如你们现在已经体会到的那样，C语言里的逻辑表达式的求值有一定的难度，因为是否需要对逻辑操作符的右操作数求值取决于其左操作数的求值结果。这种根据具体情况来决定是否对右操作数求值的做法是逻辑操作的一个有用的属性。可是，如果在逻辑表达式的右半部分隐藏着副作用，那么就难免会留下隐患——那些副作用可能会发作，也可能不会发作。一般说来，谨慎对待副作用总是没错的，这在逻辑表达式中就更为重要了。

第 2 章

基本类型

C 语言的内建类型相对比较少。算术类型可以随意混用在表达式里，最终的结果由一个简单的数据类型转换机制来决定。这个数据类型转换表参见本书的附录D。

在解答这一章里的部分谜题时，需要知道某些字符对应的整数值。附录C的ASCII表给出了字符及其对应的八进制和十进制的值。请注意，这一章里的部分谜题在Intel 8086系列和Motorola 68000系列机器上所给出的输出是不一样的，我们将同时给出这两种输出。

谜题 2.1 字符、字符串和整数类型

请问，下面这个程序的输出是什么？

```
#include <stdio.h>

#define PRINT(format,x) printf(#x " =  %" #format "\n", x)

int     integer = 5;
char    character = '5';
char    *string = "5";

main()
{
    PRINT(d,string);  PRINT(d,character);  PRINT(d,integer);
    PRINT(s,string);  PRINT(c,character);  PRINT(c,integer=53);
    PRINT(d,('5'>5));
```

(2.1.1)

```
{
    int x = -2;
    unsigned int ux = -2;

    PRINT(o,x); PRINT(o,ux);
    PRINT(d,x/2); PRINT(d,ux/2);
    PRINT(o,x>>1); PRINT(o,ux>>1);
    PRINT(d,x>>1); PRINT(d,ux>>1);
}
}
```

                                                                              (2.1.2)

输出：

```
string = 一个地址值                                          (2.1.1)
character = 53
integer = 5
string = 5
character = 5
integer=53 = 5
( '5'>5 ) =1


x = 177776                                          (2.1.2-Intel 8086)
ux = 177776
x/2 = -1
ux/2 = 32767
x>>1 = 177777 或 77777
ux>>1 = 77777
x>>1 = -1 或 32767
ux>>1 =  32767


x = 37777777776                                  (2.1.2-Motorola 68000)
ux = 37777777776
x/2 = -1
ux/2 = 2147483647
x>>1 = 37777777777 或 17777777777
ux>>1 = 3777777777
x>>1 = -1 或 2147483647
ux>>1 = 2147483647
```

解惑 2.1　字符、字符串和整数类型

2.1.1

PRINT(d, "5")　　　　　　"%d"格式将使得printf函数把有关参数输出为一个十进制数值。"5"是一个指向一个字符数组（长度为两个字节，内容是字符'5'和''）的指针。

PRINT(d, '5')　　　　　　"%d"格式将使得字符'5'的十进制值被输出[1]。

PRINT(d, 5)　　　　　　　把整数5输出为一个十进制数值。

PRINT(s, "5")　　　　　　"%s"格式将使得printf函数把有关参数解释为一个字符串，即一个指向某个字符数组的指针。因为"5"是一个指向字符数组的指针，所以该数组的内容（字符"5"）将被输出。

PRINT(c, '5')　　　　　　"%c"格式将使得printf函数把有关参数转换为该参数的值所代表的字符。因为'5'就是字符"5"的编码值，所以字符"5"将被输出。

PRINT(c, 53)　　　　　　 正如刚才看到的那样，十进制数值53其实就是字符"5"的ASCII代码。

PRINT(d, ('5'>5))　　　　'5'对应着整数值53，它大于整数5。

2.1.2

初始值：x= -2，ux= -2　x是一个带符号整数，ux是一个无符号整数。

PRINT(o, x)　　　　　　　"%o"格式将使得printf函数把有关参数输出为一个八进制数值。在以二进制补码表示一个八进制整数时，负数的最高

---

1. 这里给出的"十进制值"是相应的ASCII字符代码（请参见附录C）。ASCII代码只是计算机用来表示字符的众多字符编码方案中的一种。本书涉及字符编码的习题使用的都是ASCII代码。

位是"1"。在16位的机器（例如Intel 8086）上，这意味着八进制整数的最左边的数字是1。

PRINT(o, ux)　　　　无论是带符号整数、还是无符号整数，-2都是一个由1和0构成的字符串。

PRINT(d, x/2)　　　　对于带符号的变量，负数的除法运算结果总是与预期的一样。

PRINT(d, ux/2)　　　对于无符号的变量，负数将被解释为一个大的正整数。

PRINT(o, x>>1)　　　我们前面已经见过这样的谜题了。在C语言的某些版本里，带符号整数的向右移位操作会把符号位复制到因为移位而空出来的最高位，操作结果的符号位不发生变化——符合人们的预期。但要注意：这取决于所使用的C语言编译器。

PRINT(o, ux>>1)　　对无符号整数进行向右移位操作将使得最高位被填充为0。

PRINT(d, x>>1)　　　在十进制里，如果保留符号位，那么对-2右移一位的结果是-1；否则，结果将是32767（对使用二进制补码来表示负数的16位机器而言）。

PRINT(d, ux>>1)　　对于无符号整数-2，向右移一位的结果总是32767。

谜题 2.2　整数和浮点数的转换

请问，下面这个程序的输出是什么？

```
#include <stdio.h>

#define PR(x) printf(#x " = %.8g\t",(double)x)
#define NL putchar('\n' )
#define PRINT4(x1,x2,x3,x4) PR(x1); PR(x2); PR(x3); PR(x4); NL

main()
{
    double d;
     float f;
```

```
    long 1;
    int i;

    i = 1 = f = d = 100/3; PRINT4(i,1,f,d);              (2.2.1)
    d = f = 1 = i = 100/3; PRINT4(i,1,f,d);              (2.2.2)
    i = 1 = f = d = 100/3. ; PRINT4(i,1,f,d);            (2.2.3)
    d = f = 1 = i = (float)100/3;
       PRINT4(i,1,f,d);                                  (2.2.4)

    i = 1 = f = d =(double)(100000/3);
    PRINT4(i,1,f,d);                                     (2.2.5)
    D= f = 1 = i = 100000/3;
    PRINT4(i,1,f,d);                                     (2.2.6)
}
```

输出：

```
i = 33   l = 33   f = 33   d = 33                                    (2.2.1)
i = 33   l = 33   f = 33   d = 33                                    (2.2.2)
i = 33   l = 33   f = 33.333332   d = 33.333333                      (2.2.3)
i = 33   l = 33   f = 33   d = 33                                    (2.2.4)

i = 溢出  l = 33333   f = 33333   d = 33333                (2.2.5-Intel 8086)

i = 溢出  l = -32203   f = -32203   d = -32203             (2.2.6-Intel 8086)


i = 33333     l = 33333   f = 33333   d = 33333        (2.2.5-Motorola 68000)

i = 33333     l = 33333   f = 33333   d = 33333        (2.2.6-Motorola 68000)
```

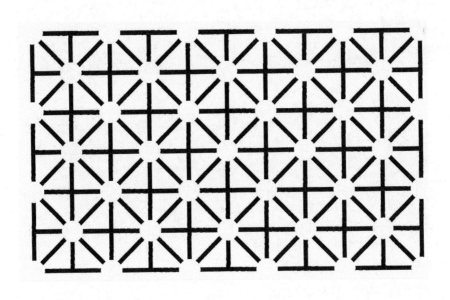

解惑 2.2   整数和浮点数的转换

2.2.1

```
i = l = f = d = 100/3
```

```
(i = (l = (f = (d = (100/3)) )))
```
按从右到左的顺序依次求值。

```
(i = (l = (f = (d = 33) )))
```
因为100和3都是整数，所以这里的除法运算将是一个整数除法，它的商将舍弃小数部分。

```
(i = (l = (f = (double) 33) )),此时d=33
```
还记得吗？赋值表达式的值是"="右边的值，类型是"="左边的变量的类型。

```
(i = (l = (float) 33 )),此时f=33
(i = (long) 33 ),此时l=33
((int)33),此时i=33
33,一个整数
```

2.2.2

```
d = f = l = i = 100/3
```

```
(d = (f = (l = (i = (100/3)) )))
```

```
(d = (f = (l = (int) 33) )), 此时i=33
```

```
(d = (f = (long) 33) ), 此时l=33
(d = (float) 33 ), 此时f=33
((double)33), 此时d=33
33, 一个double浮点数
```

2.2.3

```
i = l = f = d = 100/3.
```

```
(i = (l = (f = (d = (100/3.)) )))
```

```
(i = (l = (f = (double) 33.333333) ))
```
此时d=33.333333

3.是一个double浮点数，所以除法运算的商将保留小数部分。

```
(i = (l = (float) 33.333333 ))
```
此时f=33.33333x

这个程序里的printf格式字符串是"%.8g"，它将使得printf函数最多输出前8位数字。在Intel 8086和Motorola 68000机器上，7位数字是float浮点数的精确度极限，第8位数字不可靠。

```
(i = (long) 33.333333x ），此时l=33
```
从float到long的转换将舍弃小数部分。

```
((int)33)，此时i=33
```

33，一个整数

2.2.4

```
d = f = l = i = (double) 100/3
```

```
(d = (f = (l = (i = ((double)100)/3 )))))
```
类型转换的优先级要高于"/"。

```
(d = (f = (l = (i = 33.333333) ))))
```

```
(d = (f = (l = (int) 33.333333) )),
```
此时i=33

```
(d = (f = (long) 33) )，此时l=33
```

```
(d = (float) 33 )，此时f=33
```

```
((double)33)，此时d=33
```

33，一个double浮点数

2.2.5

```
i = l = f = d = (double) (100000/3)
```

```
(i = (l = (f = (d = ((double) (100000/3)) )))))
```

```
(i = (l = (f = (d = (double) 33333) )))
```
类型转换操作的操作数是整数除法100000/3的商。

```
(i = (l = (f = (double)33333) )),
```
此时d=33333

```
(i = (l = (float) 33333 ))，此时f=33333
```

```
(i = (long) 33333 )，此时l=33333
```

```
((int)33333)，此时i=33333或发生溢出
```
33333不能表示为一个16位的带符号整数。绝大多数C语言版本都允许算术运算的结果发生上溢出或下溢出而不报警。因此，如果运算结果有可能超出机器硬件的表示极限，你应该明确地对运算结果是否真的发生了溢出进行检查。

33333，一个整数，或者发生溢出

2.2.6

```
d = f = l = i = 100000/3

(d = (f = (l = (i = (100000/3) ))))

(d = (f = (l = (int) 33333) ))
```
此时i=溢出

我们刚才讲过，33333不能表示为一个16位的带符号整数。如果整数的位数够多的话，i将等于33333——就像l、f和d那样。

```
(d = (f = (long) -32203) )
```
此时l= -32203

在C语言里，即使运算发生了溢出，其结果仍将是一个合法的数值，它不会是一个无法预料的数值。不过，在进行后面的类型转换之前，真正的结果——对本例而言就是33333——已经丢失了。

```
(d = (float) -32203 )
```
，此时f= -32203

```
((double) -32203)
```
，此时d= -32203

```
-32203
```
，一个double浮点数

> 关于数值：对数值进行处理并非C语言的强项。即使计算机硬件提供了必要的支持，C语言也没有办法捕获算术运算错误。在C语言里，数值数据类型的取值范围是由编译器（或者说是编译器的编写者）决定的，程序员无法在C程序里对此做出调整。如果你想知道算术运算结果有没有超出相应的取值范围，最好的办法是在运算过程中的关键环节明确地对有关变量的值进行检查。

谜题 2.3 其他类型的转换

请问，下面这个程序的输出是什么？

```
#include <stdio.h>
```

```
#define PR(x) printf(#x " = %g\t",(double)(x))
#define NL putchar('\n')
#define PRINT1(x1) PR(x1); NL
#define PRINT2(x1,x2) PR(x1); PRINT1(x2)

main()
{
    double d=3.2, x;
    int i=2, y;

    x = (y=d/i)*2; PRINT2(x,y);                          (2.3.1)
    y = (x=d/i)*2; PRINT2(x,y);                          (2.3.2)

    y = d * (x=2.5/d); PRINT1(y);                        (2.3.3)
    x = d * (y = ((int)2.9+1.1)/d); PRINT2(x,y);         (2.3.4)
}
```

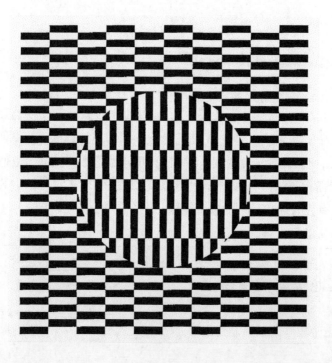

输出：

```
x = 2     y = 1                                              (2.3.1)
x = 1.6   y = 3                                              (2.3.2)
y = 2                                                         (2.3.3)
x = 0     y = 0                                              (2.3.4)
```

解惑 2.3　其他类型的转换

2.3.1

初始值：d=3.2,i=2

```
x = (y=d/i) *2
(x = (y=3.2/2) *2)
```

(x = (y=1.6) *2)　　　　　　　3.2是一个double浮点数，2是一个int整数；从数据类型上讲，前者比后者高。因此，它们的商将是一个double浮点数。

(x = 1*2)，此时y=1　　　　　　y是一个int整数，它是舍弃了1.6的小数部分而得到的。

(x = 2)

2，此时x=2

2.3.2

初始值：d=3.2,i=2

```
y = (x=d/i) *2
(y = (x=1.6) *2)
```

(y = 1.6*2)，此时x=1.6　　　　因为x是一个double浮点数，所以这个赋值操作的结果也将是一个double浮点数。

(y = 3.2)　　　　　　　　　　1.6是一个double浮点数。

3，此时y=3　　　　　　　　　y是一个int整数，它是舍弃了3.2的小数部分而得到的。

2.3.3

初始值：d=3.2,i=2

```
y = d * (x=2.5/d)
(y = d * (x=2.5/d) )
```

(y = d * 2.5 / d)，此时x=2.5/d　　　　因为x是一个double浮点数，所以2.5/d的精
　　　　　　　　　　　　　　　　　　　　确度将得到保留。

```
(y = 2.5)
```

2，此时y=2　　　　　　　　　　　　　y是一个int整数，它是舍弃了2.5的小数部分
　　　　　　　　　　　　　　　　　　　而得到的。

2.3.4

初始值：d=3.2, i=2

```
x = d * (y = ((int) 2.9 + 1.1) / d)
```

(x = d * (y = (2 + 1.1) / d))　　　类型转换操作的优先级高于"+"。

```
(x = d * (y=3.1/d) )
(x = d * (y= 一个小数) )
```

(x = d*0)，此时y=0　　　　　　　　　不管那"一个小数"是多少，y都将等于0；这
　　　　　　　　　　　　　　　　　　　是因为那"一个小数"是0到1之间的一个值。

0，此时x=0

　　类型的混合使用：到目前为止，在同一个表达式里混合使用浮点数和整数会导致令人
吃惊的结果的例子我们已经见得够多了。在进行算术运算的时候，最好避免混合使用不同
类型的操作数。如果你必须那样做，就应该小心地使用类型转换操作符对有关的操作数明
确地进行类型转换。

第 3 章

头文件

本 书后面的谜题都是以下面的预处理器语句开头：

```
#include "defs.h"
```

在编译程序的时候，预处理器会把这条语句替换为defs.h文件的内容，使得defs.h文件里的定义在程序里生效。下面是defs.h文件的内容：

```
#include <stdio.h>

#define PR(fmt,val) printf(#val " = %" #fmt "\t",(val))
#define NL putchar ('\n')

#define PRINT1 (f,xl)  PR(f,x1), NL
#define PRINT2 (f,x1,x2)  PR(f,x1), PRINT1 (f,x2)
#define PRINT3 (f,x1,x2,x3)  PR(f,x1), PRINT2 (f,x2,x3)
#define PRINT4 (f,x1,x2,x3,x4)  PR(f,x1), PRINT3(f,x2,x3,x4)
```

defs.h文件里的第一行代码也是一条include语句，该语句将把C语言的标准I/O函数库（即stdio.h文件）导入到程序里。defs.h文件里的其余内容是一些用于输出的宏。比如说，要想把数值“5”输出为一个十进制整数，就需要用下面的表达式来调用PRINT1宏命令：

```
PRINT1(d, 5)
```

这个调用先扩展为：

```
PR(D, 5), NL
```

然后再扩展为：

```
printf(#5 " = %" #d "\t", (5)), putchar('\n')
```

最后成为：

```
printf("5 = %d\t", (5)), putchar('\n')
```

第 4 章

控制流

与绝大多数程序设计语言一样，C语言也有用来实现条件选择和循环的控制结构。解答本章中的谜题，需要知道如何确定各个结构的范围。在一个格式良好的程序里，范围是通过语句行的缩进来体现的。阅读一个格式不良的程序会是一件既困难又容易出错的事情；下面这些谜题应该可以让你明白这一点。

谜题 4.1 `if` 语句

请问，下面这个程序的输出是什么？

```c
#include "defs.h"

main()
{
    int x, y=1, z;

    if( y!=0 ) x=5;
    PRINT1(d,x);                                        (4.1.1)

    if( y==0 ) x=3;
    else x=5;
    PRINT1(d,x);                                        (4.1.2)

    x=1;
    if( y<0 ) if( y>0 )  x=3;
```

```
    else x=5;
    PRINT1(d, x);                                    (4.1.3)

    if( z=y<0 ) x=3;
    else if( y==0 )  x=5;
    else x=7;
    PRINT2(d, x, z);                                 (4.1.4)

    if(z=(y==0)  ) x=5;
    x=3;
    PRINT2(d, x, z);                                 (4.1.5)

    if( x=z=y ); x=3;
    PRINT2(d, x, z);                                 (4.1.6)
}
```

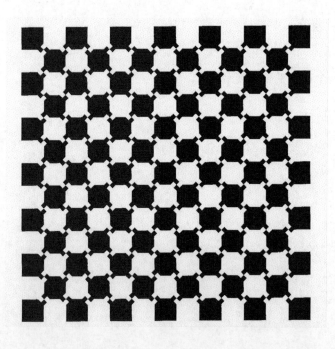

输出：

```
x = 5                                        (4.1.1)
x = 5                                        (4.1.2)
x = 1                                        (4.1.3)
x = 7     z = 0                              (4.1.4)
x = 3     z = 0                              (4.1.5)
x = 3     z = 1                              (4.1.6)
```

解惑 4.1 if 语句

4.1.1

初始值：y=1

```
if ( y!=0 ) x=5
```
第一步是对条件求值。

```
( y!=0 )
( 1!=0 )
```

TRUE

因为对条件的求值结果是TRUE，所以if语句的"真"分支将得到执行。

```
x = 5
```

4.1.2

初始值：y=1

```
if( y==0 ) x=3; else x=5
( y==0 )
```
对条件求值

FALSE

```
x = 5
```
对if语句的false部分求值。

4.1.3

初始值：y=1

```
x = 1
if ( y<0 ) if ( y>0 ) x=3;
else x=5;
```

```
x = 1
```
先把x赋值为1。

```
( y<0 )
```

FALSE

因为对第一个if语句的条件求值的结果是FALSE，所以该if语句的"真"分支将被跳过。else子句是第二个if语句的一部分，而第二个if语句整个地包含在第一个if语句的"真"分支里。按照C语言的有关规则，else子句将被归入离它最近且能够接受它的那条if语句。

4.1.4

初始值：y=1

```
if ( z=y<0 ) x=3
else if ( y ==0 ) x=5
else x=7
```

```
( z=(y<0) )
```

先对第一个条件求值。与解答前面的谜题一样，我们将使用括号来表明操作符和操作数之间的绑定关系。

```
( z=(1<0) )
( z=FALSE )
```

FALSE，此时z=0

```
( y==0 )
```

因为对第一个if语句的条件求值的结果是FALSE，所以该if语句的"假"分支将得到执行。该分支又是一条if语句，所以先要对它的条件进行求值。

FALSE

```
x = 7
```

对第二条if语句的条件求值的结果也是FALSE，所以该if语句的"假"分支将得到执行。

4.1.5

初始值：y=1

```
if ( z=(y==0) ) x=5; x=3
```

```
if ( z=(y==0) ) x=5;
```
一条if语句的"真"分支是紧跟在该if语句的条件表达式后面的单条语句或语句块。

```
( z=(y==0) )
```
对条件求值。

```
( z=FALSE )
```

FALSE，此时z=0

```
x = 3
```
因为这条if语句没有"假"分支，所以程序将执行下一条语句。

4.1.6

初始值：y=1

```
if ( x=z=y ); x=3
```

```
if ( x=z=y );
```
这条if语句的"真"分支是一条空语句。

```
( x=(z=y) )
```
对条件求值。

```
( x=(z=1) )
( x=1 )，此时z=1
```

TRUE，此时x=1

```
x = 3
```
if条件是TRUE，所以该if语句的"真"分支将得到执行。但因为它的"真"分支是一条空语句，所以程序将执行下一条语句。

谜题 4.2　**while** 和 **for** 语句

请问，下面这个程序的输出是什么？

```
#include "defs.h"

main()
{
    int x,  y,  z;

    x=y=0;
    while( y<10 ) ++y; x += y;
    PRINT2(d, x, y);                                      (4.2.1)


    x=y=0;
    while( y<10 ) x += ++y;
    PRINT2(d, x, y);                                      (4.2.2)


    y=1;
    while( y<10 )  {
        x = y++; z = ++y;
    }
    PRINT3(d, x, y, z);                                   (4.2.3)

    for( y=1; y<10; y++ )  x=y;
    PRINT2(d, x, y);                                      (4.2.4)

    for( y=1;  (x=y)<10; y++ );
    PRINT2(d, x, y);                                      (4.2.5)

    for( x=0,y=1000; y>1; x++,y/=10 )
        PRINT2(d, x, y);                                  (4.2.6)
}
```

输出：

```
x = 10  y = 10                                          (4.2.1)
x = 55  y = 10                                          (4.2.2)
x = 9   y = 11  z = 11                                  (4.2.3)
x = 9   y = 10                                          (4.2.4)
x = 10  y = 10                                          (4.2.5)
x = 0   y = 1000                                        (4.2.6)
x = 1   y = 100
x = 2   y = 10
```

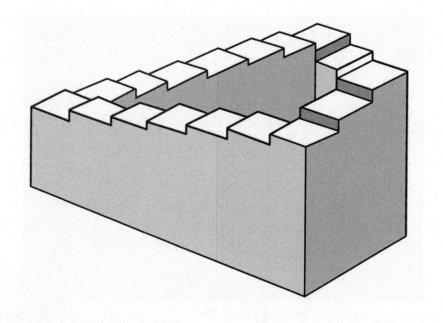

解惑 4.2　`while` 和 `for` 语句

4.2.1

初始值：x=0,y=0

`while ( y<10 ) ++y; x += y`	我们先来分析一下这条while语句的流程控制部分。
`( y<10 )`	循环条件。只要对循环条件的求值结果是TRUE，循环体就会被执行。
`( y>=10 )`	退出条件。退出条件是循环条件的非集。当循环正常结束时，退出条件将为TRUE。
`y=0`	循环控制变量的初始值，即循环控制变量在程序首次进入循环体时的值。
`++y`	循环体在执行时对循环控制变量的修改效果。
`y = 0到9（在循环过程中）`	在第一次执行循环体时，y=0；以后每执行一次循环体，y的值就递增1。
`y = 10（退出循环时）`	当y=10时，循环条件将变成FALSE；整个循环将就此结束。
`x += y`	控制权转到位于循环体后面的那条语句。
`x = 0+10`	
`x = 10`	

4.2.2

初始值：x=0, y=0

`while ( y<10 ) x += ++y`

（ y<10 ）	循环条件。
（ y>=10 ）	退出条件。
y=0	循环控制变量的初始值。
++y	循环体在执行时对循环控制变量的修改效果。
y = 0到9（在循环过程中）	参见上一道谜题的解答。
x += ++y	在循环里，x对y的值（在y递增之后）进行累加。
x = 55	整数1到10的累加结果。
y = 10（退出循环时）	

4.2.3

初始值：y=1

```
while ( y<10 ) {x = y++; z = ++y;}
```

（ y<10 ）	循环条件。
（ y>=10 ）	退出条件。
y=1	循环控制变量的初始值。
y++,++y	循环体在执行时对循环控制变量的修改效果。
y = 1,3,5,7,9（在循环过程中）	在第一次执行循环体时，y=1；以后每执行一次循环体，y的值就递增2。
x = 1,3,5,7,9	在循环体里，把递增前的y值赋值给x。
z =3,5,7,9,11	在循环体里，把两次递增（等于加上2）后的y值赋值给z。
y = 11（退出循环时）	

4.2.4

```
for( y=1; y<10; y++ ) x=y
```
for循环的流程控制部分集中出现在保留字"for"后面的括号里。

```
y<10
```
循环条件。

```
y>=10
```
退出条件。

```
y=1
```
循环控制变量的初始值。

```
y++
```
循环体在执行时对循环控制变量的修改效果。

y = 1到9（在循环过程中）

x = 1到9

在循环体里，把y值赋值给x。

y = 10（退出循环时）

4.2.5

```
for( y=1; (x=y)<10; y++ ) ;
```

```
y<10
```
循环条件。

```
y>=10
```
退出条件。

```
y=1
```
循环控制变量的初始值。

```
y++
```
循环体在执行时对循环控制变量的修改效果。

y = 1到9（在循环过程中）

x = 1到10

在对循环条件求值之前把y值赋值给x。请注意，这道谜题对循环条件的求值次数要比循环体的实际执行次数多一次。

y = 10（退出循环时）

4.2.6

```
for ( x=0, y=1000; y>1; x++, y/=10 )
        PRINT2(d, x, y)
```

y>1   循环条件。

y<=1   退出条件。

y=1000   循环控制变量的初始值。

y/=10   循环体在执行时对循环控制变量的修改效
                                             果。

y = 1000,100,10（在循环过程中）

x = 0,1,2（在循环过程中）   for语句首先把变量x初始化为0。然后，每
                                             执行一次循环体,在测试循环条件之前再对
                                             变量x进行一次递增。

y = 1（退出循环时）
x = 3（退出循环时）

谜题 4.3   语句的嵌套

请问，下面这个程序的输出是什么？

```
#include "defs.h"
#define ENUF 3
#define EOS '\0'
#define NEXT(i) input[i++]
#define FALSE 0
#define TRUE 1
char input[]="PI=3.14159, approximately";

main()
{
```

```
char c;
int done, high, i, in, low;

i=low=in=high=0;
while( c=NEXT(i)  != EOS )
    if( c<'0' ) low++;
    else if( c>'9' ) high++;
    else in++;
PRINT3(d, low, in, high);                                    (4.3.1)


i=low=in=high=0; done=FALSE;
while( (c=NEXT(i))!=EOS && !done)
    if( c<'0'  ) low++;
    else if( c>'9' ) high++;
    else in++;
    if( low>=ENUF || high>=ENUF || in>=ENUF ) done=TRUE;
PRINT3(d, low, in, high);                                    (4.3.2)


i=low=in=high=0; done=FALSE;
while((c=NEXT(i))!=EOS && ! done )
    if( c<'0' ) done = (++low==ENUF ? TRUE : FALSE);
    else if( c>'9' ) done = (++high==ENUF ? TRUE : FALSE);
    else done =(++in==ENUF ? TRUE : FALSE);
PRINT3(d, low, in, high);                                    (4.3.3)
}
```

输出：

```
low = 25   in = 0   high = 0
low = 0    in = 0   high = 3
low = 0    in = 0   high = 3
```

(4.3.1)

(4.3.1)
(4.3.2)
(4.3.3)

解惑 4.3　语句的嵌套

4.3.1

初始值：i=in=high=low=0, input="PI=3.14159, approximately"

`while ( c=(NEXT(i)!= EOS) )`	这里的循环条件其实是"NEXT(i)!= EOS",其中NEXT(i)是来自字符串input的字符值。变量c将被赋值为表达式"NEXT(i)!= EOS"的求值结果——根据这条while的定义,在循环过程中,c的值是TRUE;在退出循环时,c的值将是FALSE。
`if ( 1<'0' ) low++`	在循环过程中,c的值永远是1,所以low总是在递增(1<060)。
`while ( c=(I!=EOS) )`	在第二次循环时,next(i)=I。整个循环将一直循环到input里的所有字符全都被遍历一遍为止。C语言使用ASCII字符集里的nul字符(0值字符)作为字符串的结束标记。

4.3.2

初始值：done=i=in=high=low=0, input="PI=3.14159, approximately"

`while((c=(NEXT(i)))!= EOS && !done ){`	变量c将被依次赋值为字符串input中的各个字符的值。
`if ('p'<'0')`	FALSE。
`else if('p'>'9') high++`	high=1。
`if(low>=ENUF||high>=ENUF||`	low=0, in=0, high=1, ENUF=3, 所

`in>=ENUF )`	以done仍为FALSE。
`while(('I'!=EOS) && !done)`	TRUE。
`if ('I'<'0')`	FALSE。
`else if('I'>'9') high++`	high=2。
`if(low>=ENUF||high>=ENUF||` `in>=ENUF )`	Low=0，in=0，high=2，ENUF=3，所以done仍为FALSE。
`while(('='!=EOS) && !done)`	TRUE。
`if ('='<'0')`	FALSE。
`else if('='>'9') high++`	high=3。

`if( low>=ENUF || high>=ENUF ||`
`in>=ENUF )`
`done = TRUE`
	TRUE。

`while(('3'!=EOS) && !done)`	done=TRUE，所以!done=FALSE，整个循环就此结束。

4.3.3

初始值：done=i=in=high=low=0，input="PI=3.14159, approximately"

`while((c=(NEXT(i))) != EOS && !done){`	变量c将被依次赋值为字符串input中的各个字符。
`if ( 'P'<'0' )`	FALSE。
`else if ( 'P'>'9' )`	TRUE。
`  ++high<ENUF ?`	high在递增后不等于ENUF，所以done将被赋值为FALSE。此时high=1。
`while ( 'I'!=EOS && !done )`	TRUE。

`if ('I'<'0')`	FALSE。
`else if ( 'I'>'9' )`	TRUE。
`done = (++high==ENUF)`	high=2，done=FALSE。
`while ( '='!=EOS && !done )`	TRUE。
`if ('='<'0')`	FALSE。
`else if ( '='>'9' )`	TRUE。
`done = (++high==ENUF)`	high=3，done=TRUE。
`while ( '3'!=EOS && !done )`	done=TRUE，所以!done=FALSE，整个循环就此结束。

谜题 4.4 switch、break 和 continue 语句

请问，下面这个程序的输出是什么？

```c
#include "defs.h"

char input[] = "SSSWILTECH1\1\11W\1WALLMP1";

main()
{
    int i, c;

    for( i=2; (c=input[i])!='\0'; i++) {
        switch(c) {
        case 'a' :  putchar( 'i' ); continue;
        case '1' :  break;
        case 1 :    while( (c=input[++i]) !='\1' && c!='\0' );
        case 9 :    putchar( 'S' );
        case 'E'
        case 'L':   continue;
```

```
        default:       putchar(c);
                       continue;
        }
        putchar( ' ');
    }
    putchar( '\n');
}
```
(4.4.1)

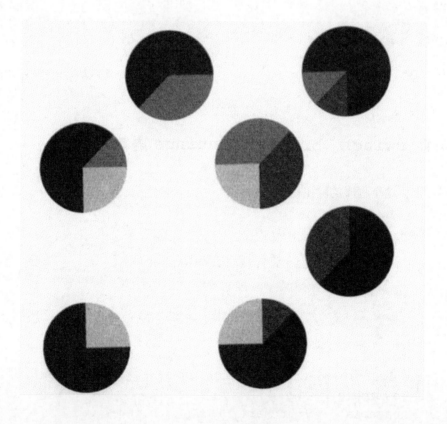

输出：

SWITCH SWAMP (4.4.1)

解惑 4.4 **switch、break 和 continue 语句**

4.4.1

```
char input[]="SSSWILTECH1\1\11W\1WALLMP1"
```
把字符数组 input 初始化为字符串 "SSS...MP1"。

```
for(i=2; (c=input[2])!='\0');
```
变量 c 将依次获得来自 input 的字符值，从该字符串的第 3 个字符开始。

```
switch('S') {
```
在第一次执行到 switch 语句的时候，c='S'。

```
default: putchar('S')
```
因为没有其他的分支能够与 'S' 匹配，所以将执行 default 分支——输出字符 "S"。

```
continue
```
continue 语句将强行开始下一次循环——在这道谜题里，就是下一次 for 循环。请注意，从效果上看，continue 语句相当于一个重新对 for 语句的循环控制表达式进行初始化的分支。

```
for( ;(c=input[3])!='\0'; i++) {
```
变量 c 获得了来自 input 的第 4 个字符。

```
switch('W') {
```
c='W'

```
default: putchar('W'); continue
```
和刚才一样，输出字符 "W"。

```
    ...
```
类似于 i=4 的情况，c='I'。

```
switch('L') {
```
i=5, c='L'

```
case 'L': continue
```
执行 'L' 分支；不输出任何字符。

`i=5, c='L';`	不输出任何字符。
`i=6, c='T';`	输出字符 "T"。
`i=7, c='E';`	不输出任何字符。
`i=8, c='C';`	输出字符 "C"。
`i=9, c='H';`	输出字符 "H"。
`switch('1') {`	`i=10, c='1'。`
`case '1': break`	break语句将强行退出本次循环或switch语句。在这道谜题里，它相当于一个直接跳转到紧跟在switch语句后面的那条语句的分支。
`putchar(' ')`	输出一个空格。
`for( ;(c=input[11])!='\0'; i++) {`	回到for循环的开头。
`switch('\1') {`	字符常数'\n'（其中的 "n" 是3个八进制数字）代表着一个与八进制数值n相对应的字符。比如说，"\0" 对应着ASCII字符nul，"\101" 对应着字符 "A"。
`case 1:`	分支的标号既可以是字符常数，也可以是整数常数。"\1" 与整数1相匹配，这是因为C语言会把char类型自动转换为int类型。
`while((c=input[++i])!='\1' && c!='\0');`	这个while循环的退出条件是 "c=='\1'" 或字符串的结束标记。每进行一次while测试，变量i的值就会递增1，而循环将跳过字符串input里的i个字符——直到遇到下一个'\1'字符或到达字符串的末尾为止。

在while循环里：

  i=12, c='\11';   不输出任何字符。

  i=13, c='W';   不输出任何字符。

  i=14, c='\1';   while循环结束。

case 9: putchar('S')   依次执行各分支里的语句；各分支之间没有隐含的break语句。分支"9"将紧接在分支"1"后面执行。输出字符"S"。

case 'E': case'L': continue   分支'E'和'L'跟在分支"9"的后面被执行。

for(; (c=input[15]); i++) {   再次回到for循环的开头。

在for循环里：

  i=15, c='W';   输出字符"W"。

  i=16, c='A';   输出字符"A"。

  i=17, c='L';   不输出任何字符。

  i=18, c='L';   不输出任何字符。

  i=19, c='M';   输出字符"M"。

  i=20, c='P';   输出字符"P"。

  i=21, c='1';   输出一个空格。

  i=22, c='\0';   for循环结束。

putchar('\n')

第 5 章

编程风格

关于编程风格（也就是哪些结构应该避免、哪些结构应该效仿）的书籍实在不少，从一个似乎是不同的角度得出的一个大概的结论是，所谓良好的编程风格在很大程度上属于一种个人品位。但从比较客观合理的角度看，编程风格的好坏在于程序员是否具有良好的判断力——就像许多其他事情一样。在笔者看来，虽然评价编程风格是否优良的标准有很多，但放之四海而皆准的编程风格规则并不多。

根据以上的观点可认为，下面这些谜题说明了一些常见的不良的编程风格。这些谜题的解答与其说是标准答案，不如说是一种更好的选择。在笔者看来，如果有什么是优良编程风格的关键的话，那就是必须让你编写出来的程序适合其他人阅读，而这又具体表现在两个方面：

❑ 把你的思路用一些简明的语句表达出来。

❑ 为那些语句选择一种适当的代码结构。

谜题 5.1　选用正确的条件

请通过重新组织有关语句的办法来改善下面这段代码的编程风格：

```
while(A)  {
    if(B) continue;
    C;
}
```
(5.1.l)

```
do {
      if(!A) continue;
      else B;
      C;
} while(A);                                              (5.1.2)

if(A)
      if(B)
            if(C) D;
            else;
      else;
else
      if(B)
            if(C) E;
            else F;
      else;
}                                                        (5.1.3)

while(  (c=getchar()) !='\n'  ) {
      if ( c==' ' ) continue;
      if ( c=='\t' ) continue;
      if ( c<'0' ) return (OTHER);
      if ( c<='9' )  return (DIGIT);
      if ( c<'a' ) return (OTHER);
      if ( c<='z' ) return (ALPHA);
      return (OTHER);
} return (EOL);                                          (5.1.4)
```

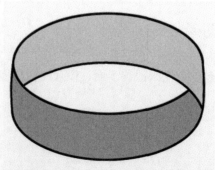

解惑 5.1　选用正确的条件

5.1.1

continue语句通常可以通过改变测试条件来实现，而这种改变有时会显著改善程序代码的可读性。

具体到这道谜题，只需把if语句的条件测试反过来（求非）就可以提高代码的可读性。

```
while (A)
   if (!B) C;
```

5.1.2

对C程序里的"do ... while"结构进行等效替换往往也可以改善程序代码的可读性。在"do ... while"和while语句都可以使用时，总是首选。

这道谜题里的if和"do ... while"都有些多余，它们相当于一条while语句：

```
do {                      先消除"多余的"continue语句。
   if(A) { B; C; }
} while(A);
```

```
while(A) {                再把"do ... while"和if语句替换为while语句。
   B; C;
}
```

5.1.3

有经验的程序员都知道多层嵌套的if语句最容易出问题：在到达最内层的条件时，外层的条件已经被忘记或模糊不清了。解决这个问题的办法是从一开始就把每个条件都完整地写清楚，但这往往会导致条件表达式既冗长又不容易看懂。在遇到这种情况的时候，良好的判断力是最重要的！

下面是这一问题的两种解决方案。第一种解决方案是从一开始就把每个条件都写得很完整：

```
if ( A && B && C ) D;
```

```
else if( !A && B && C ) E;
else if( !A && B && !C ) F;
```

第二种解决方案不那么容易看明白，但执行效率更高：

```
if(B) {
    if(A) {
        if(C) D;
    } else {
        if( C ) E;
        else F;
    }
}
```

5.1.4

这道谜题里的有关代码显然源自以下思路：

- ❑ 当输入行里还有字符需要处理的时候
    - ■ 根据字符类型执行不同的分支
        - — 返回ALPHA
        - — 返回DIGIT
        - — 返回OTHER

把上述思路表达成C语言代码并不困难：

```
while(  (c=getchar())  != '\n' ) {
    if ( c>='a' && c<='z' ) return ALPHA;
    else if( c>='0' && c<='9' ) return DIGIT;
    else if( c!=' ' && c!='\t' ) return OTHER;
}
return (EOL);
```

谜题 5.2   选用正确的结构

请通过重新组织有关语句的办法来改善下面这段代码的编程风格：

```
done = i = 0;
```

```
while( i<MAXI && !done ) {
     if ( (x/=2) >1 ) { i++; continue; }
     done++;
}                                                  (5.2.1)
```

```
if(A) { B;  return; }
if(C) { D;  return; }
if(E) { F;  return; }
G;  return;
                                                   (5.2.2)
```

```
plusflg = zeroflg = negflg = 0;
if( a>0 ) ++plusflg ;
if( a==0 ) ++zeroflg;
else if( !plusflg ) ++negflg;                      (5.2.3)
```

```
i=0;
while( (c=getchar()) !=EOF) {
if(c!='\n'||c!='\t'){s[i++]=c; continue; }
if(c=='\n') break;
if(c=='\t') c=' ' ;
s[i++] =c;}                                         (5.2.4)
```

```
if( x!=0 )
     if( j>k ) y=j/x;
     else y=k/x;
else
     if( j>k ) y=j/NEARZERO;
     else y=k/NEARZERO;
}                                                  (5.2.5)
```

解惑 5.2   选用正确的结构

5.2.1

```
done = i = 0;
while( i<MAXI && !DONE ){
    if((x/=2) > 1 ) i++;
    else done++;
}
```

这道谜题里的"if...continue"结构显然是想获得一种"if...else"效果。那就先把它替换为一条"if...else"语句好了!

```
i = 0;
while ( i<MAXI && (x/=2)>1) i++;
```

这道谜题里接下来的代码显然是想达到以下目的:

- 循环条件之一是done等于FALSE;
- 只要if条件是TRUE,done就将是FALSE;
- 因此,这个循环条件其实就是"(x/2)>1"。

根据上述分析改写出来的代码显然更加简明!

```
for( i=0; i<MAXI && (x/=2)>1; i++ ) ;
```

这道谜题里的有关代码先对一个变量进行初始化、然后在一条while语句里把该变量用做循环控制变量。对于这种情况,用一条for语句来解决问题会让有关代码更加简明易懂。

5.2.2

在C语言里,一种想法往往会有多种表达方式,而程序员的任务是把各有关细节组织成一些条理清晰的语句块。C语言提供了以下元素来帮助程序员组织各有关细节:

- 把最基本的想法写成表达式;
- 把表达式组织为语句;
- 把语句组织为语句块和函数。

这道谜题可以分两步来解决：表达式B、D、F和G是几个最基本的元素，它们是同一个多重分支里彼此互不相关的几种分支情况。我们可以用"if...else if"语句把它们组织到一起，如下所示：

```
if (A) B;
else if(C) D;
else if(E) F;
else G;
return;
```

5.2.3

解答这道谜题的关键是如何写出一个有三种互斥分支情况的多重分支：

```
plusflg = zeroflg = negflg = 0;

if ( a>0 ) ++plusflg;
else if ( a==0 ) ++zeroflg;
else ++negflg;
```

5.2.4

```
i = 0;
while( (c=getchar())!=EOF && c!='\n' ) {
    if( c!='\n' && c!='\t' ) {
        s[i++] = c;
        continue;
    }
    if( c=='\t' ) c = ' ';
    s[i++] = c;
}
i = 0;
while( (c=getchar()) !=EOF && c! ='\n' ) {
    if( c!='\t' ) {
        s[i++] = c;
        continue;
    }
    if ( c=='\t' ) s[i++] = ' ';
}
```

通过重新排列有关语句的办法来表明它们之间的嵌套关系会是一个好的开始。接下来，请检查break和continue语句是否真的必不可少。我们只需在while语句的条件里增加一个对break条件进行求非的子表达式就可以省略掉break语句。

经过上述修改，第一个if条件已经可以去掉了（"c!='\n'"现在是一个循环条件，它在循环体内部的if测试里永远是TRUE）。

```
i = 0;
while(  (c=getchar())  !=EOF && c!='\n'  )
    if( c!='\t' ) s[i++] = c;
    else s[i++] = ' ';

for( i=0;  (c=getchar()) !=EOF && c!='\n';
i++ )
    if( c!='\t' ) s[i] = c;
    else s[i] = ' ';
```
或,
```
for( i=0;  (c=getchar()) !=EOF && c!='\n';
i++ )
    s[i] = c!='\t' ? c : ' ';
```

这里的continue语句在效果上相当于一条"if...else"语句,替换之。

从谜题里可以看出:如果下一个字符不是制表符,这段代码将把该字符存入s[i];否则,把一个空格字符存入s[i]。换句话说,这段代码只不过是把制表符替换为空格而已。我们这里给出了两条for语句作为参考答案,它们都比谜题里的代码简明,第一个参考答案里的if语句突出了对制表符进行测试,第二个参考答案里的条件操作符突出了对s[i]的赋值。从这两个参考答案里,我们还可以看出if语句与条件操作符之间的密切关系。

5.2.5

```
if( j>k ) y= j / (x!=0 ? x : NEARZERO);
else y = k /  (x!=0 ? x : NEARZERO);
```

在这道谜题中,x!=0显然不是重点;这个测试只是为了防止出现除数为零的情况。我们在参考答案里使用了条件操作符来预防除数为零。

```
y = MAX(j,k) / (x!=0 ? x : NEARZERO);
```

这段代码的重点应该是对变量y的赋值;这里给出的参考答案完全可以替代谜题里的那两项测试(MAX()函数将返回它的两个参数中比较大的那一个)。

第 6 章

存储类

C 语言里的每一个变量都有三个最基本的属性：类型、作用域和生命期。一个变量的类型决定着这个变量需要占用多大的存储空间以及对这个变量可以进行哪些操作。我们已经在前面的章节里讨论过类型的问题了。

一个变量的作用域说的是这个变量在程序上下文里的哪些部分是可见的。变量的作用域由它在程序里的声明位置来控制。作用域的边界是块、函数和文件。

生命期说的是一个变量在程序执行期间的哪些时候能够有一个值。变量的生命期由相应的存储类来控制。

谜题 6.1　块

请问，下面这个程序的输出是什么？

```
#include "defs.h"

int i=0;

main()
{
    auto int i=1;
    PRINT1(d, i);
    {
        int i=2;
```

```
            PRINT1(d,i);
            {
                i += 1;
                PRINT1(d, i);
            }
            PRINT1(d, i);
        }
    PRINT1(d,i);                                                    (6.1.1)
}
```

输出：

```
i = 1                                              (6.1.1)
i = 2
i = 3
i = 3
i = 1
```

解惑 6.1　块

6.1.1

```
int i=0;
```
i.0=0（记号"x.*n*"用来表示在第*n*级语句块层次[1]里定义的变量x）。i.0 的存储类是 extern[2]。i.0 的作用域是这个文件所加载的全部模块。i.0 的生命期是这个程序的全部执行时间。

```
main()
```

```
{
```
语句块层次现在是1。

```
auto int i=1
```
i.1=1（在第1级语句块层次里定义的变量i）。

i.1 的存储类是 auto。i.1 的作用域是函数 main。i.1 的生命期是 main 函数的执行期间。

```
PRINT1(d,i.1);
```
当两个变量有同样的名字时，只写出变量名时引用的是最内层的变量；外层的同名变量是无法直接访问的。

```
{
```
语句块层次现在是2。

```
int i=2
```
i.2=2。

i.2 的存储类是 auto，这是在第1级或更高的语句块层次里定义的变量的默认存储类。i.2 的作用域是第二级语句块层次，它的生命期是第2级语句块的执行期间。

```
PRINT1(d,i.2);
```

```
{
```
语句块层次现在是3。

---

1. "语句块层次"可以简单地通过用左花括号"{"的个数减去右花括号"}"的个数的办法来确定。换句话说，它是源代码里尚未封闭的语句块的个数。程序的最外层（因为还没有打开任何语句块）的语句块层次是零。

2. 为什么变量 i 的存储类没有用保留字"extern"明确地作出声明呢？因为根据 C 语言里的有关规定，如果没有明确地作出声明，在第 0 级语句块层次里定义的变量的存储类都将是 extern。给某个变量加上一个 extern 标记并不是在定义这个变量，而是在向编译器表明这个变量是在第 0 级语句块以外的其他地方定义的。

`i.2+=1`	i.2=3。
`PRINT1(d,i.2);`	i.2的值将被输出出来——因为它是名字是"i"的最内层变量。
`}`	语句块层次现在重新回到了2。
`PRINT1(d,i.2);`	再次输出i.2的值。
`}`	语句块层次现在重新回到了1，i.2不复存在。
`PRINT1(d,i.1);`	i.2已经"死亡"了，i.1变成了名字是"i"的最内层变量。
`}`	语句块层次现在重新回到了0。

谜题 6.2　函数

请问，下面这个程序的输出是什么？

```
#include "defs.h"

#define LOW 0
#define HIGH 5
#define CHANGE 2
void workover();

int i=LOW;

main()
{
    auto int i=HIGH;
    reset( i/2 ); PRINT1(d,i);
    reset( i=i/2 ); PRINT1(d,i);
    i = reset( i/2 ); PRINT1(d,i);

    workover(i); PRINT1(d,i);
}
```
(6.2.1)

```
void workover(int i)
{
    i = (i%i)  *  ((i*i)/(2*i) + 4);
    PRINT1(d,i);
}

int reset(int i)
{
    i = i<=CHANGE ? HIGH : LOW;
    return(i);
}
```

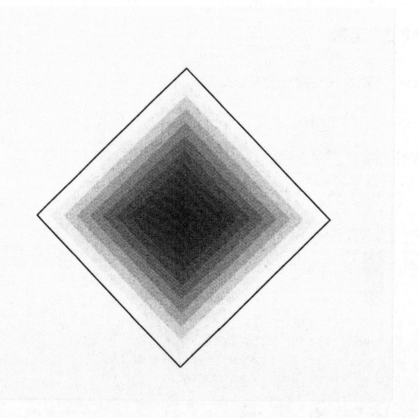

输出：

```
i = 5                                                      (6.2.1)
i = 2
i = 5
i = 0
i = 5
```

解惑 6.2　函数

6.2.1

```
int i=LOW;
```
i.0 = 0。

```
main()
{
auto int i=HIGH;
```
i.1 = 5。

```
reset(i.1/2);
```
在这次reset函数调用里，输入参数的值是i.1/2，也就是2。reset函数的执行对变量i.1没有任何影响。

```
PRINT1(d, i.1)
reset(i.1=i.1/2);
```
在这次reset函数调用里，输入参数的值还是i.1/2，但这次函数调用有一个副作用——把i.1赋值为2。不过，reset函数的执行对变量i.1还是没有任何影响。

```
PRINT1(d, i.1 )
i.1=reset(i.1/2)
```
把i.1赋值为函数调用reset(i.1/2)的返回值。我们下面将对这次函数调用所执行的各条语句进行细致的分析。

```
  int reset(int i)
```
给定一个函数，它的返回值和它的形式参数的类型都是在它的声明里定义的。reset函数返回一个int类型的值、接受一个int类型的参数。

```
  { (int i.reset=1;)
```
在一个函数的内部，我们可以把该函数的形式参数当做一些局部变量来使用，这些变量的初始值分别是我们在调用这个函数时传递给它的各实际参数的值。我们将使用括号来表明这些隐含的初始化行为。

```
    i.reset = i.reset<=2 ? 5 : 2;        i.reset = 5。

    return (i.reset);                    reset函数返回了整数5，于是：i.1 = 5。

  }

PRINT1 (d,i.1 )

workover (i.1);                          把i.1的值传递给workover函数；i.1不受这次函数
                                         调用的影响。workover函数里有一条PRINT语句。
                                         下面是对workover函数的分析。


  void workover(int i)                   workover函数没有返回值，所以它的返回类型被声
                                         明为void（读者可能已经注意到了：在这个文件里，
                                         对workover函数的声明出现在main函数之前。如
                                         果对某个函数的调用发生在对它作出声明之前，C
                                         语言将假设该函数的返回类型是int）。


  { (i.workover=5;)

  i.workover = 0 * whatever;             i.workover = 0。

  PRINT1 (d, i.workover);
  }
PRINT1 (d, i.1);
}
```

谜题 6.3　更多的函数

请问，下面这个程序的输出是什么？

```
#include "defs.h"

int i=1;
```

```
main()
{
    auto int i,  j;
    i = reset();
    for( j=1; j<=3; j++ ) {
        PRINT2(d,i,j);
        PRINT1(d,next(i));
        PRINT1(d,last(i));
        PRINT1(d,new(i+j));
    }
}
```

(6.3.1)

```
int reset(void)
{
    return(i) ;
}

int next(int j)
{
    return( j=i++ );
}

int last(int j)
{
    static int i=10;
    return( j=i-- );
}

int new(int i)
{
    auto int j=10;
    return( i=j+=i );
}
```

输出：

```
i = 1    j = 1                                        (6.3.1)
next(i) = 1
last(i) = 10
new(i+j) = 12
i = 1    j = 2
next(i) = 2
last(i) = 9
new(i+j) = 13
i = 1    j = 3
next(i) = 3
last(i) = 8
new(i+j) = 14
```

解惑 6.3 更多的函数

6.3.1

```
int i=1;
```
i.0 = 1。

```
main()
{
auto int i, j;
```
i.1和j.1被定义，但还没有被初始化。

```
i.1 = reset()
```
i.1获得了reset函数的返回值。

```
    int reset(void)
```
reset函数没有输入参数，所以它的形式参数表被声明为void。如果把某个函数的形式参数表留做空白（比如像"int reset()"这样），系统在调用这个函数时将不进行类型检查。

```
    {
        return (i.0)
```
因为reset函数既没有名字是"i"的形式参数、也没有名字是"i"的局部变量，所以它对变量名"i"的引用必然代表着i.0。reset函数的这次调用返回了1，所以i.1=1。

```
    }
for( j.1=1; j.1<3; j.1++ ){
```
j.1 = 1。

```
PRINT2 (d, i.1, j.1);
PRINT1 (d, next (i.1));
 int next (int j)
 { (int j.next=1;)

 return (j.next=i.0++);
```
i.0=2，但next函数返回的是1，这是因为递增操作发生在i.0的值被返回之后。这条return语句引用的是i.0，因为next函数不知道还有其他的变量i。随着next函数的返回，变量j.next也就不复存在了。

```
        }
PRINT1 (d, last (i.1));
    int last (int j)
    { (int j.last=1;)
```

　　static int i.last=10;

last函数有一个名字是"i"的局部变量，该变量的初始值是10。i.last的存储类是static，这意味着i.last在这个程序加载到内存时被初始化、在这个程序退出执行时终止。

　　return (j.last=i.last--);

i.last = 9，但返回的值是10；这是因为递减操作发生在i.last的值被返回之后。

j.last随着这个函数的返回而不复存在，但i.last仍然"活"着。当last函数被再次调用时，i.last将是9。

```
    }
PRINT1 (d, new (i.1+j.1));
  int new (int i)
  { (int i.new=2;)
```

```
  int j=10;
```

j.new = 10。

```
  return (i.new=j.new+=i.new);
```

j.new = 12，i.new = 12，返回值也是12。

j.new和i.new都随着这个函数的返回而不复存在了。

```
    }
for( j.l=1; j.l<3; j.l++ ) {
```

j.1 = 2。

回到for语句。在这次循环里，我们将对各条语句的效果做一个总结。

```
PRINT2 (d,i.1,j.1);
```

执行循环体的效果是让j.1递增1。这个循环对i.1的值没有影响。

```
PRINT1 (d,next (i.1));
```
next函数不理会我们传递给它的值。它将返回i.0的当前值。作为执行next函数的一个副作用，i.0将递增1。

```
PRINT1 (d,last (i.l));
```
last函数也不理会我们传递给它的值。它将返回它的静态局部变量i.last的当前值。作为执行last函数的一个副作用，i.last将递减1。

```
PRINT1 (d,new (i.1+j.1));
```
new函数的返回值是我们传递给它的参数值加上10。它没有会影响到它外部的副作用。

```
}
}
```

谜题 6.4   文件

请问，下面这个程序的输出是什么？

```
#include "defs.h"
int i=1;

main()
{
    auto int i, j;

    i = reset();
    for( j=1; j<=3; j++ ) {
        PRINT2(d,i,j);
        PRINT1(d,next());
        PRINT1(d,last());
        PRINT1(d,new(i+j));
    }
}
```
(6.4.1)

在另外一个文件中

```
static int i=10;

next(void)
{
    return( i+=1 );
}

last(void)
{
    return( i-=1 );
}

 new(int i)
 {
    static int j=5;
    return( i=j+=i );
 }
```

在另外一个文件中

```
extern int i;

int reset(void)
{
    return(i) ;
}
```

输出：

```
i = 1    j = 1
next() = 11
last() = 10
new(i+j) = 7
i = 1    j = 2
next() = 11
last() = 10
new(i+j) = 10
i = 1    j = 3
next() = 11
last() = 10
new(i+j) = 14
```

(6.4.1)

解惑 6.4 文件

6.4.1

```
int i=1;
main()
{
auto int i,j;
i.1 = reset()
    extern int i;

  int reset (void)
  {
  return (i.0)
  }
for( j.1=1; j.1<3; j.1++ ){
PRINT2 (d, i.1, j.1);
PRINT1 (d, next());

    static int i=10;
```

i.0 = 1。

extern语句向编译器表明：i是一个在其他地方（可能是另一个文件）定义的外部变量。这里的i代表着i.0。

在reset函数里，变量名"i"代表着在外部定义的i.0。i.1 = 1。

j.1 =1。

第二个源文件首先对一个名字是"i"的外部变量进行了定义。这个定义乍看起来似乎会与在第一个文件里定义的外部变量i发生冲突，但这里还使用了保留字static，它向编译器表明：这个变量i的作用域仅限于本文件。换句话说，它只在next、last和new函数里是可见的。在接下来的讨论里，我们将使用"i.nln"来代表这个变量i。

i.nln=10。

```
  next (void)
```
在next函数的声明里，返回类型被省略了。根据C
语言里的有关规定，如果没有为某个函数明确地声
明一种返回类型，它的返回类型将是int。

```
  return (i.nln+=1);
  }
PRINT1 (d, last());
  last (void)
```
i.nln=11，next函数将返回11。

```
  return (i.nln-=1);

  }
PRINT1 (d, new (i.1 + j.1 ) );
  int new (int i)
  { (int i.new=2;)
  static int j=5;

  return (i.new=j.new=5+2);
```
i.nln=10，last函数将返回10。last函数所引用的
变量i与前面被next函数递增的变量i是同一个。

j.new = 5。

j.new = 7，i.new = 7，被返回的值也是7。i.nln
没有受到影响，i.new随着函数的返回而不复存在，
j.new在下一次调用new函数的时候将是7。

```
  }
for( j.l=1; j.l<3; j.1++ ){
```
j.1 = 2。

在这次循环里，我们将对各条语句的效果做一个总结。

```
PRINT2 (d, i.l, j.1);
```
执行循环体的效果是让j.1递增1。这个循环对i.1的
值没有影响。

```
PRINT1 (d, next());
```
next函数对i.nln进行递增并返回这个递增结果。

```
PRINT1 (d, last());
```
last函数对i.nln进行递减并返回这个递减结果。

```
PRINT1 (d, new(i.1+j.1));
```
new函数把我们传递给它的参数与j.new相加并返
回这个加法运算的和。

```
}
}
```

第7章

指针和数组

长期以来，关于编程风格的各种指南普遍认为指针会让程序变得难以阅读，而且很难编写正确。事实上，如果不追踪到某个指针最近一次被定义的地方，想知道它到底代表什么是不可能的；这显然增加了程序的复杂性。

C语言并不限制指针的使用，程序员完全可以根据具体情况来选择是否使用指针。正如下面这些谜题所表明的那样，指针与数组之间的关系非常密切。只要是用到了数组下标的程序，就肯定有一种基于指针的版本。与其他程序设计语言一样，在C语言程序里使用指针必须小心谨慎。

谜题 7.1　简单的指针和数组

请问，下面这个程序的输出是什么？

```
#include "defs.h"

int a[] = { 0, 1, 2, 3, 4 };

main()
{
    int i, *p;

    for( i=0; i<=4; i++ ) PR(d,a[i]);          (7.1.1)
    NL;
    for( p= &a[0]; p<=&a[4]; p++)
```

```
        PR( d, *p);                              (7.1.2)
  NL; NL;

   for( p= &a[0], i=1; i<=5; i++)
       PR(d,p[i]);                               (7.1.3)
   NL;
   for( p=a, i=0; p+i<=a+4; p++, i++)
       PR(d, *(p+i));                            (7.1.4)
   NL; NL;

   for( p=a+4; p>=a; p--) PR(d,*p);              (7.1.5)
   NL;
   for( p=a+4, i=0; i<=4; i++)
       PR(d,p[-i]);                              (7.1.6)
   NL;

   for( p=a+4; p>=a; p--) PR(d,a[p-a]);          (7.1.7)
   NL;
}
```

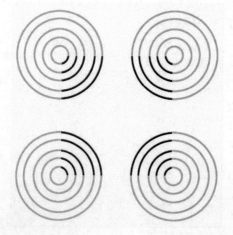

输出：

a[i] = 0   a[i] = 1   a[i] = 2   a[i] = 3   a[i] = 4   (7.1.1)

*p = 0   *p = 1   *p = 2   *p = 3   *p = 4   (7.1.2)

p[i] = 1   p[i] = 2   p[i] = 3   p[i] = 4   p[i] = ?   (7.1.3)

*(p+i) = 0   *(p+i) = 2   *(p+i) = 4   (7.1.4)

*p = 4   *p = 3   *p = 2   *p = 1   *p = 0   (7.1.5)

p[-i] = 4   p[-i] = 3   p[-i] = 2   p[-i] = 1   p[-i] = 0   (7.1.6)

a[p-a] = 4   a[p-a] = 3   a[p-a] = 2   a[p-a] = 1   a[p-a] = 0   (7.1.7)

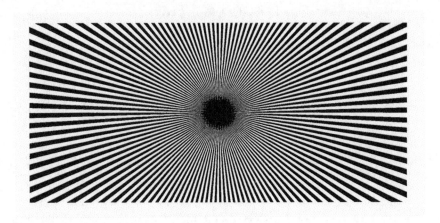

解惑 7.1　简单的指针和数组

7.1.1

`int a[] = {0,1,2,3,4}`	a被定义为一个由5个int整数构成的数组：a[i] = i，i的取值范围是从0到4。
`for( i=0; i<=4; i++ )`	i的取值范围是从0到4。
`PR(d,a[i])`	a[i]依次访问数组a里的各个元素。

7.1.2

`int *p;`	"*type* *x"形式的定义向编译器表明：当*x出现在一个表达式里的时候，它将代表着一个*type*类型的值。x是一个*type*类型的指针，这个指针的值是某个*type*类型的元素的地址。*type*是指针x的基类型。具体到这道谜题，p被声明为一个int类型的指针，指针p的基类型是int。
`for( p=&a[0];`	&a[0]是a[0]的地址。
`p<=&a[4] ;`	数组元素是按照它们的下标顺序存放的，a[0]存放在a[1]之前，a[1]存放在a[2]之前，依此类推。因此，既然p被初始化为&a[0]，它当然比&a[4]小。
`PR(d, *p);`	*p代表着指针p所指向的地址处的int整数。因为p被赋值为&a[0]，所以*p就代表着a[0]。
`p++`	对一个指针变量使用递增操作符将使得该指针指向它基类型的下一个元素。实际发生的事情是该指针将递增sizeof(*base type*)个字节。C语言既不检查、也不保证在如此计算出来的地址处是否真的存在着一个给定基类型的元素。具体到这道谜题，p++将使得指针p指向数组a里的下一个元素。

```
p<=&a[4]
```
再次测试指针p是否到达数组的末尾。一旦指针p超出了数组a中的最后一个元素时，这个循环就将结束。在循环过程中，指针p将依次指向数组a里的各个元素。

7.1.3

```
for( p=&a[0],i=1; i<=5; i++ );
```
p指向数组a中的第一个元素。i的取值范围是1到5。

```
PR(d,p[i]);
```
p[i]依次代表着数组a中的各个元素。p[5]指向这个数组以外的地方。

关于数组和下标："[]"最常见的用途是给出数组的下标，但"[]"本身其实是一个通用的下标操作符。在C语言里，x[i]被定义为"*(x+i)"，其中x是一个地址，而i是一个整数递增量。按照C语言中的地址运算规则，整数i的值等于"sizeof(x的基类型)"（现在应该明白为什么数组的下标是从0开始的了吧：数组的名字其实是指向该数组中第一个元素的指针，下标则是从该数组中的第一个元素算起的偏移量。第一个元素的偏移量是0）。在这道谜题里，我们把i当做p的下标来使用，p[i] = *(p+i) = *(a+i) = a[i]。i从1递增到5。当i=5时，p+i将超出数组a的末尾，所以p+i的值无法预料。这是人们在编写C程序时最容易犯的错误之一，你们应该时刻提醒自己：如果一个数组包含n个元素，它的下标的取值范围应该是从0到n-1，而不是从1到n。

7.1.4

```
for p=a,i=0;
```
p的值是数组a中的第一个元素的地址。

```
p+i <= a+4;
```
p=a，i=0，所以p+i=a+0，它小于a+4。

```
PR(d,*(p+i));
```
*(p+i) = *(a+0) = a[0]。

```
p++, i++
```
p指向数组a中的第二个元素，i的值是1。

```
p+i <= a+4
```
p=a+1，i=1，所以p+i=a+2。

```
PR(d,*(p+i))
```
*(p+i) = a[2] 。

p++, i++	p=a+2, i=2。
p+i <= a+4	p+i = a+4。
PR(d, *(p+i))	*(p+i) = a[4]。
p++, i++	p=a+3, i=3。
p+i <= a+4	p+i = a+6，循环结束。

7.1.5

for(p=a+4;	p指向数组a中的第5个元素。
p >= a;	一旦p向前超出了数组a中的第一个元素，循环就将结束。
PR(d, *p);	把指针p所指向的int整数输出出来。
p--	对p进行递减，让它指向数组a中的前一个元素。

7.1.6

for(a+4,i=0; i<=4; i++)	p指向数组a中的最后一个元素。i的取值范围是0到4。
PR(d,p[-i]);	从数组a中的最后一个元素算起，把偏移量是-i的那个元素输出出来。

7.1.7

for(p=a+4; p>=a; p--)	p依次指向数组a中的各个元素——从最后一个到第一个。
PR(d,a[p-a]);	对p-a进行求值的结果是从数组a的第一个元素算起到p当前指向的那个元素的偏移量。换句话说，p-a就是p当前指向的那个元素的下标。

谜题 7.2　指针数组

请问，下面这个程序的输出是什么？

```
#include "defs.h"

int a[] = { 0, 1, 2, 3, 4 };
int *p[] = { a, a+1, a+2, a+3, a+4 };
int **pp = p;                                              (7.2.1)

main()
{
    PRINT2(d,a,*a);
    PRINT3(d,p,*p,**p);
    PRINT3(d,pp,*pp,**pp);                                 (7.2.2)
    NL;

    pp++; PRINT3(d,pp-p,*pp-a,**pp);
    *pp++; PRINT3(d,pp-p,*pp-a,**pp);
    *++pp; PRINT3(d,pp-p,*pp-a,**pp);
    ++*pp; PRINT3(d,pp-p,*pp-a,**pp);                      (7.2.3)
    NL;

    pp=p;
    **pp++; PRINT3(d,pp-p,*pp-a,**pp);
    *++*pp; PRINT3(d,pp-p,*pp-a,**pp);
    ++**pp; PRINT3(d,pp-p,*pp-a,**pp);                     (7.2.4)
}
```

输出：

```
a  = a的地址        *a  = 0                                    (7.2.2)
p  = p的地址        *p  = a的地址        **p  = 0
pp = p的地址        *pp = a的地址        **pp = 0


pp-p = 1       *pp-a = 1       **pp = 1                        (7.2.3)
pp-p = 2       *pp-a = 2       **pp = 2
pp-p = 3       *pp-a = 3       **pp = 3
pp-p = 3       *pp-a = 4       **pp = 4


pp-p = 1       *pp-a = 1       **pp = 1                        (7.2.4)
pp-p = 1       *pp-a = 2       **pp = 2
pp-p = 1       *pp-a = 2       **pp = 3
```

解惑 7.2　指针数组

7.2.1

`int a[] = {0,1,2,3,4}`　　　　　　　　　a被初始化为一个由5个int整数构成的数组。

`int *p[] = {a,a+1,a+2,a+3,a+4};`　　在一个表达式里，*p[]将被求值为一个int整数，所以p[]必须指向一个int整数，而p是一个int指针数组。指针数组p里的5个元素（5个指针）被初始化为分别指向数组a里的5个元素。

`int **pp = p;`　　　　　　　　　　　　**pp代表着一个int整数，所以*pp必须指向一个int整数，而pp是必须指向一个int指针。pp被初始化为指向p[0]。

pp、p和a之间的关系如图7.2.1所示。

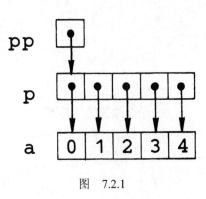

图　7.2.1

7.2.2

`PRINT2 (d,a, *a);`　　　　　　　　　我们刚才讲过，数组的名字在表达式里将被求值为该数组中的第1个元素的地址。因此，a的值就是数组a的地址，而*a就等价于a[0]。

```
PRINT3 (d, p, *p, **p);
```
p将被求值为数组p中的第一个元素的地址。*p代表着p[0]的值，**p代表着存放在p[0]所给出的地址处的int整数，也就是a[0]的值。

```
PRINT3 (d, pp, *pp, **pp);
```
在表达式里，pp求值为pp的内容，也就是p的地址；*pp求值为p的值，也就是p[0]；**pp将被求值为p[0]所指向的int整数的值，也就是a[0]。

7.2.3

```
pp++
```
pp是一个指针，它指向一个int指针数组（pp的基类型是int指针），所以pp++对pp进行递增后将让它指向内存中的下一个指针。pp++的效果如图7.2.3a中的粗箭头所示。

```
pp-p
```
pp指向数组p中的第二个元素，p[1]。pp的当前值是p+1，所以pp-p=(p+1)-p，也就是1。

```
*pp-a
```
pp指向p[1]，*pp指向数组a的第二个元素。*pp的当前值是a+1，所以*pp-a = (a+1)-a。

```
**pp
```
pp指向a[1]，所以pp将被求值为a[1]的内容。

```
*pp++
```
```
*(pp++)
```
一元操作符的绑定顺序是从右到左，所以这里将先进行递增操作，再进行指针操作。这个递增操作的效果如图7.2.3b中的粗箭头所示。

```
*++pp
```
```
*(++pp)
```
（如图7.2.3c所示）

```
++*pp
```
```
++(*pp)
```
（如图7.2.3d所示）

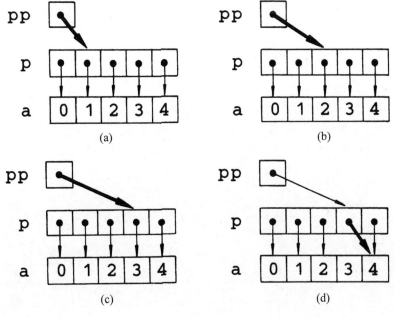

图　7.2.3

7.2.4

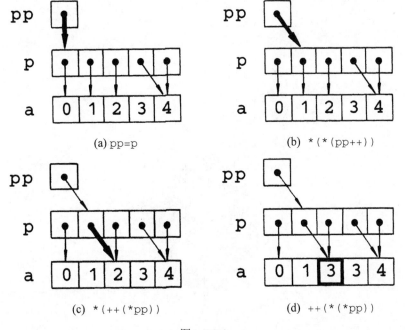

图　7.2.4

谜题 7.3　多维数组

请问，下面这个程序的输出是什么？

```
#include "defs.h"

int a[3][3] = {
    { 1, 2, 3 },
    { 4, 5, 6 },
    { 7, 8, 9 }
};
int *pa[3] = { a[0], a[1], a[2]  };
int *p = a[0] ;                                           (7.3.1)

main()
{
    int i;

    for( i=0; i<3; i++ )
        PRINT3(d, a[i][2-i], *a[i], *(*(a+i)+i)  );
    NL;                                                  (7.3.2)

    for( i=0; i<3; i++ )
        PRINT2(d, *pa[i], p[i] );                        (7.3.3)
}
```

输出：

```
a[i] [2-i] = 3      *a[i] = 1      *(*(a+i)+i) = 1          (7.3.2)
a[i] [2-i] = 5      *a[i] = 4      *(*(a+i)+i) = 5
a[i] [2-i] = 7      *a[i] = 7      *(*(a+i)+i) = 9


*pa[i] = 1     p[i] = 1                                     (7.3.3)
*pa[i] = 4     p[i] = 2
*pa[i] = 7     p[i] = 3
```

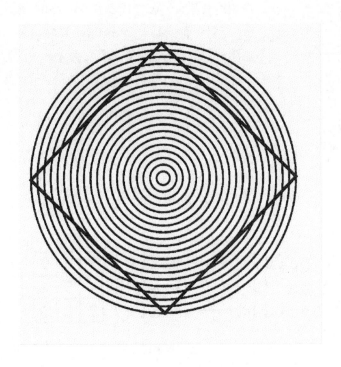

解惑 7.3   多维数组

7.3.1

```
int a[3] [3] = {
    { 1,2,3 },
    { 4,5,6 },
    { 7,8,9 }
};
```
a是一个3×3矩阵，三行元素分别是{1,2,3}、{4,5,6}、和{7,8,9}。在表达式里，a[i][j]代表着位于第i行、第j列的int整数；a[i]代表着第i行中的第一个元素的地址；a代表着矩阵a中的第一个元素的地址。换句话说，a是一个指针，它指向一个三元int数组，而a[]是一个int指针。

```
int *pa[3] = {
    a,a+1, &a [2]
};
```
在表达式里，*pa[]代表着一个int整数，所以pa[]是一个int指针，而pa是一个int指针数组。pa[0]被初始化为指向矩阵a里第一行中的第一个元素、pa[1]指向第二行中的第一个元素、pa[2]指向第三行中的第一个元素。

```
int *p = a;
```
p是一个int指针，它被初始化为指向矩阵a中的第一个元素。

　　a、pa和p之间的关系如图7.3.1所示。

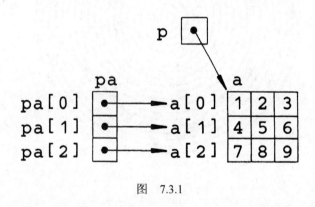

图   7.3.1

7.3.2

```
for(i=0; i<3; i++)
```
在这个循环里，a将从0递增到2。

```
PRINT3 (d,a [i] [2-i],
```
a[i][2-i]将沿着对角线方向依次给出矩阵a的有关元素——从a[0][2]到a[2][0]。

| `*a[i],` | 在表达式里，`a[i]`将被求值为矩阵`a`里第`i`行中的第一个元素的地址，`*a[i]`将被求值为该元素的值。 |
| `*(*(a+i)+i)` | `a+i`将被求值为矩阵`a`的第`i`行的地址。`*(a+i)`将被求值为第`i`行中的第一个元素的地址。`*(a+i)+i`将被求值为第`i`行中的第`i`个元素的地址。`*(*(a+i)+i)`将被求值为第`i`行中的第`i`个元素的int整数值。 |

7.3.3

`for(i=0; i<3; i++)`	在这个循环里，`a`将从0递增到2。
`*pa[i]`	`pa[i]`代表着指针数组`pa`中的第`i`个元素。`*pa[i]`代表着指针数组`pa`的第`i`个元素所指向的int整数值。
`p[i]`	`p`指向矩阵`a`的第一行中的第一个元素。因为`p`的基类型是int，所以`p[i]`将被求值为矩阵`a`的第一行中的第`i`个int整数值。

> 关于数组的地址：我们已经多次遇到这样的情况了：一个数组的地址与这个数组中的第一个元素的地址有着同样的值——在这道谜题里也是如此：`a`和`a[0]`求值为同一个地址。一个数组的地址和这个数组中的第一个元素的地址是有区别的：这两种地址的类型是不同的，这种区别主要体现在对地址进行算术运算时的递增量/递减量方面。具体到这道谜题，`a`的类型是指向三元int数组的指针，`a`的基类型是三元int数组，而`a+1`将指向内存中的下一个三元int数组。`a[0]`的类型是指向int整数的指针，`a[0]`的基类型是int，而`a[0]+1`将指向内存中的下一个int整数。

谜题 7.4　难解的指针

请问，下面这个程序的输出是什么？

```
#include "defs.h"

char *c[] = {
    "ENTER",
    "NEW",
    "POINT",
    "FIRST"
};
char **cp[] = { c+3, c+2, c+1, c };
char ***cpp = cp;                                    (7.4.1)

main()
{
    printf("%s",  **++cpp );
    printf("%s",  *--*++cpp+3 );
    printf("%s", *cpp[-2]+3 );
    printf("%s\n", cpp[-1][-1]+1 );                  (7.4.2)
}
```

输出：

POINTER STEW   (7.4.2)

解惑 7.4   难解的指针

7.4.1

```
char *c[] = {
    "ENTER",
    "NEW",
    "POINT",
    "FIRST"
};
```

*c[]将被求值为一个char，所以c[]会指向一个char数组，而c是一个以char指针为元素的数组。c中的元素被初始化为分别指向char数组"ENTER"、"NEW"、"POINT"和"FIRST"。

```
char **cp[]  = {
    c+3, c+2, c+1, c
};
```

**cp[]将被求值为一个char，*cp[]是一个char指针，而cp[]是一个指向一个char指针的指针。cp是一个以char指针为元素的数组。cp的元素被初始化为分别指向c的各个元素。

```
char ***cpp = cp;
```

***cp将被求值为一个char，**cp指向一个char，*cp指向一个char指针，而cp指向一个char指针的指针。

cpp、cp和c之间的关系如图7.4.1所示。

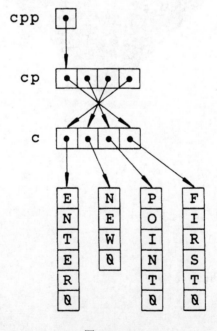

图   7.4.1

7.4.2

`*(*(++cpp))`	先对cpp进行递增，再使用该指针（如图7.4.2a所示）
`(*(--(*(++cpp))))+3`	先对cpp进行递增并通过该指针找到cp[2]，然后对cp[2]进行递减并通过该指针找到c[0]，最后给c[0]里的地址加上3（如图7.4.2b所示）。
`(*(cpp[(-2)]))+3`	先从cpp开始根据偏移量-2找到cp[0]，再沿着该指针找到c[3]，最后给c[3]里的地址加上3（如图7.4.2c所示）。
`((cpp[-1])[-1])+1`	先从cpp开始根据偏移量-1找到cp[1]，再从cp[1]开始根据偏移量-1找到c[1]，最后给c[1]里的地址加上1（如图7.4.2d所示）。

关于指针：如果读者能正确地解答这道谜题，就说明已经全面掌握了C语言里的指针的用法。指针是一种非常有用的工具，而且几乎适用于所有的场合：程序员可以利用一连串的指针构造出各种复杂的数据结构并对之进行处理。但指针的强大威力也正是它的危险所在：复杂的指针链不仅难以阅读和理解，它们的可靠性也很难得到保证。

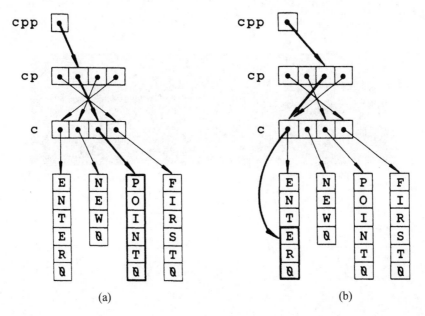

图   7.4.2

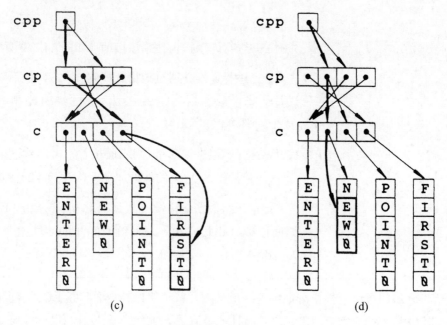

图   7.4.2（续）

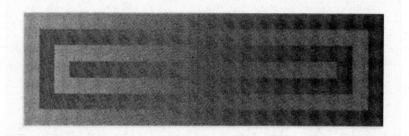

第 **8** 章

结构

C 程序里的"结构"是用"struct"关键字声明的数据类型，它们是数据结构的基本构建单位。结构为程序员提供了一种封装一组相关数据元素的简便办法。

谜题 8.1 简单的结构、嵌套结构

请问，下面这个程序的输出是什么？

```
#include "defs.h"

main()
{
    static struct S1 {
        char c[4], *s;
    } s1 = { "abc", "def" };
    static struct S2 {
        char *cp;
        struct S1 ss1;
    } s2 = { "ghi", { "jkl", "mno" } };          (8.1.1)

    PRINT2(c, s1.c[0], *s1.s);                    (8.1.2)
    PRINT2(s, s1.c, s1.s);                        (8.1.3)

    PRINT2(s, s2.cp, s2.ss1.s);                   (8.1.4)
    PRINT2(s, ++s2.cp, ++s2.ss1.s);               (8.1.5)
}
```

输出：

```
s1.c[0] = a      *s1.s = d                                    (8.1.2)
s1.c = abc       s1.s = def                                   (8.1.3)
s2.cp = ghi      s2.ss1.s = mno                               (8.1.4)
++s2.cp = hi     ++s2.ss1.s = no                              (8.1.5)
```

解惑 8.1　简单的结构、嵌套结构

8.1.1

```
static struct S1 {
    char c[4], *s;
} s1= { "abc", "def" };
```

S1结构由一个字符数组c（各元素的长度是4个字符）和一个字符指针s构成。结构变量s1是S1结构的一个实例，它被初始化为：

$$char\ c[4]="abc",$$
$$*s="def"$$

```
static struct S2 {
    char *cp;
    struct S1 ss1;
} s2 = { "ghi", { "jkl", "mno" } };
```

S2结构由一个字符指针cp和一个S1结构的实例ss1构成。结构变量s2是S2结构的一个实例，它被初始化为：

```
char *cp="ghi";
struct s1 ss1 = {"jkl", "mno"};
```

结构变量s1和s2的构成情况如图8.1.1所示。

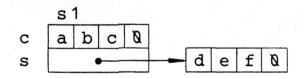

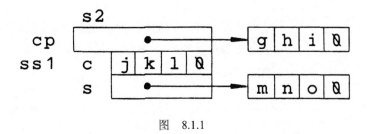

图　8.1.1

8.1.2

PRINT2 (c	输出两个字符。
(s1.c) [o]	结构变量s1的c字段中的第一个字符（如图8.1.2a所示）。
*(s1.s)	结构变量s1的s字段所指向的字符（如图8.1.2b所示）。

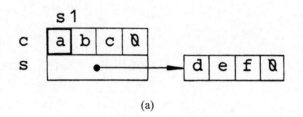

(a)

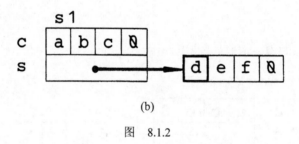

(b)

图   8.1.2

8.1.3

PRINT2 (s	输出两个字符串。
s1.c	结构变量s1的c字段所指向的字符串。别忘了，一个数组的名字是该数组的第一个元素的引用指针，也就是c=&c[0]（如图图8.1.3a所示）。
s1.s	结构变量s1的s字段所指向的字符串（如图8.1.3b所示）。

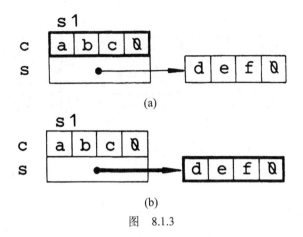

图 8.1.3

8.1.4

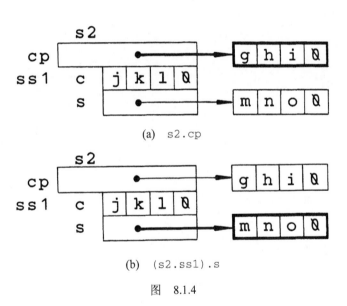

图 8.1.4

8.1.5

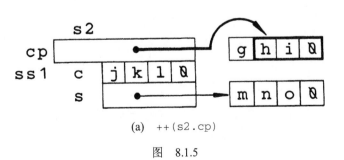

(a) ++(s2.cp)

图 8.1.5

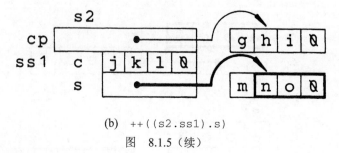

(b)   ++((s2.ss1).s)

图   8.1.5（续）

谜题 8.2   结构数组

请问，下面这个程序的输出是什么？

```
#include "defs.h"

struct S1  {
    char *s;
    int i;
    struct S1 *slp;
};

main()
{
    static struct S1 a[] = {
        { "abcd",  1, a+1 },
        { "efgh",  2, a+2 },
        { "ijkl",  3, a }
    };
    struct S1 *p = a;                                         (8.2.l)
    int i;

    PRINT3(s, a[0].s, p->s, a[2].slp->s);                    (8.2.2)

    for( i=0; i<2; i++ )  {
        PR(d, --a[i].i);
        PR(c, ++a[i].s[3] );                                 (8.2.3)
        NL;
    }

    PRINT3(s, ++(p->s), a[(++p) ->i].s, a[--(p->slp->i)].s);
                                                             (8.2.4)
}
```

输出：

```
a[0].s = abcd   p->s = abcd   a[2]. s1p->s = abcd          (8.2.2)
--a[i].i = 0     ++a[i].s[3] = e                           (8.2.3)
--a[i].i = 1     ++a[i].s[3] = i
++(p->s) = bce  a[(++p)->i].s = efgi  a[--(p->s1p->i)].s = ijkl
                                                           (8.2.4)
```

解惑 8.2   结构数组

8.2.1

```
struct S1 {
    char *s ;
    int i;
    struct S1 *s1p;
};
```

S1结构由一个字符指针s、一个整数i、一个指向S1结构的指针s1p构成。这里只对S1结构做出了声明，但没有创建一个S1结构的实例。

```
static struct S1 a[] = {
    { "abcd", 1, a+1 },
    { "efgh", 2, a+2 },
    { "ijkl", 3, a+3 }
};
```

a是一个包含着3个元素的数组，它的元素的类型是S1结构。

```
struct S1 *p=a;
```

p是一个基类型是S1结构的指针。p被初始化为指向数组a中的第一个元素。

数组a和指针p的构成情况如图8.2.1所示。

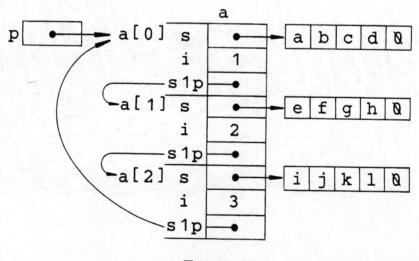

图   8.2.1

8.2.2

`PRINT3(s`	输出三个字符串。
`(a[0]).s`	数组a中的第一个元素（一个S1结构）的s字段所指向的字符串（如图8.2.2a所示）。
`p->s`	指针p所指向的那个结构的s字段所指向的字符串（如图8.2.2b所示）。
`(((a[2]) .s1p)->)s`	数组a中的第3个元素（一个S1结构）的s1p字段所指向的那个结构的s字段所指向的字符串（如图8.2.2c所示）。

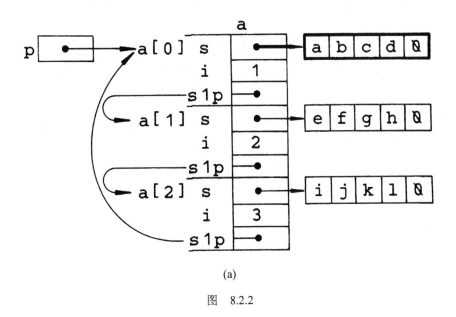

(a)

图 8.2.2

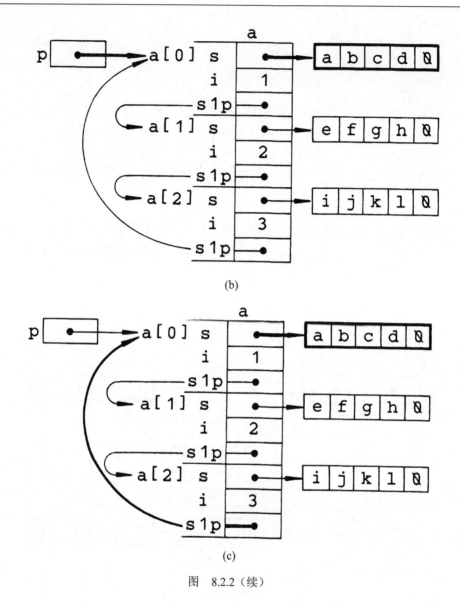

图   8.2.2（续）

8.2.3

```
for( i=0; i<2; i++ ) {        i将依次取值为0和1。

PR(d                         输出一个整数。

--((a[i]).i)                 先对数组a的第i个元素（一个S1结构）的i字段里的整
                             数进行递减，再引用它（图8.2.3a给出了i=0时的情况）。
```

PR(c   输出一个字符。

++(((a[i]).s)[3])   先对数组a的第i个元素（一个S1结构）的s字段所指向的字符串中的第4个字符进行递增，再引用它（图8.2.3b给出了i=0时的情况）。

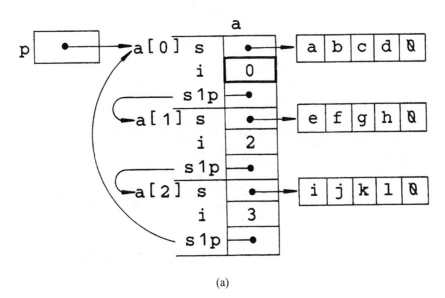

(a)

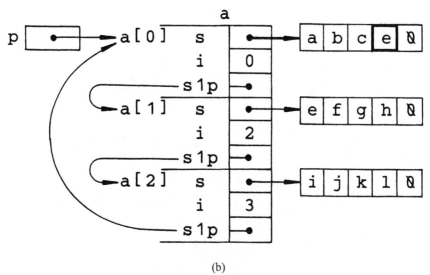

(b)

图 8.2.3

8.2.4

`++(p->s)`	先对指针p所指向的结构的s字段进行递增，然后再把s字段所指向的字符串输出（如图8.2.4a所示）。
`(a [((++p)->i)].s`	先对指针p进行递增，再去访问数组a中的第p->i个结构的s字段（如图8.2.4b所示）。
`a[--((p->s1p)->i)].s`	先对指针p所指向的那个结构的s1p字段所指向的那个结构的i字段进行递减，再使用i字段的值作为下标去访问数组a里的相应元素（一个s1结构）的s字段（如图8.2.4c所示）。

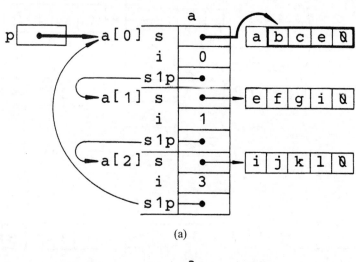

(a)

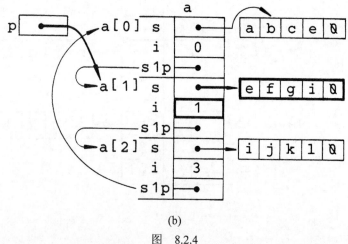

(b)

图　8.2.4

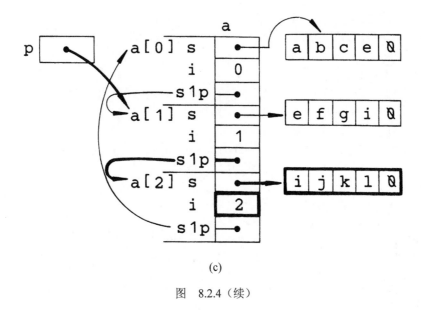

(c)

图　8.2.4（续）

谜题 8.3　结构指针数组

请问，下面这个程序的输出是什么？

```
#include "defs.h"

struct S1 {
    char *s;
    struct S1 *s1p;
};

main()
{
    static struct S1 a[] = {
        { "abcd", a+1 },
        { "efgh", a+2 },
        { "ijkl", a }
    };
    struct S1 *p[3];
    int i;
```

(8.3.1)

```
    for( i=0; i<3; i++ ) p[i] = a[i].s1p;
    PRINT3(s, p[0]->s,  (*p)->s,  (**p).s);                         (8.3.2)


    swap(*p,a);
    PRINT3(s, p[0]->s,  (*p)->s,  (*p)->s1p->s );                   (8.3.3)


    swap(p[0], p[0]->s1p);
    PRINT3(s, p[0]->s,  (*++p[0]).s, ++(*++(*p)->s1p).s);           (8.3.4)
}

swap( struct S1 *p1, struct S1 *p2 )
{
    struct S1 temp;

    temp.s = p1->s;
    p1->s = p2->s;
    p2->s = temp.s;
}
```

输出：

```
p[0]->s = efgh     (*p)->s = efgh      (**p).s = efgh          (8.3.2)

p[0]->s = abcd     (*p)->s = abcd      (*p)->s1p->s = ijkl     (8.3.3)

p[0]->s = ijkl     (*++p[0]).s = abcd ++(*++(*p)->s1p).s = jkl
                                                             (8.3.4)
```

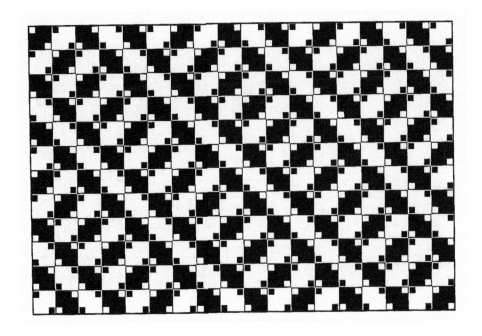

解惑 8.3   结构指针数组

8.3.1

```
struct S1 {
    char *s;
    struct S1 *s1p;
};
```
S1结构由一个字符指针s和一个指向S1结构的指针s1p构成。

```
static struct S1 a[] = {
    { "abcd", a+1 },
    { "efgh", a+2 },
    { "ijkl", a+3 }
};
```
a是一个包含着3个元素的数组，它的元素的类型是S1结构。

```
struct S1 *(p[3] );
```
在程序语句里，表达式*(p[])将代表着一个S1结构，p[]指向一个S1结构，而p是一个三元指针数组，它的3个元素分别指向3个S1结构。

数组a和指针p的构成情况如图8.3.1所示。

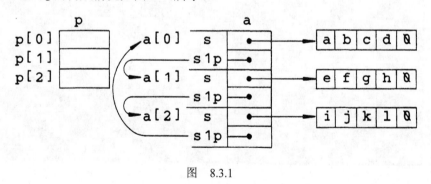

图　8.3.1

8.3.2

```
for( i=0; i<3; i++ )
```
i将依次取值为0、1、2。

```
p[i] = (a[i]).s1p
```
把数组a的第i个元素的s1p字段里的指针复制到指针数组p的第i个元素（如图8.3.2a所示）。

```
(p[0])->s, (*p)->s, (**p).s
```
这几种记号所进行的操作是完全一样的（如图8.3.2b所示）。

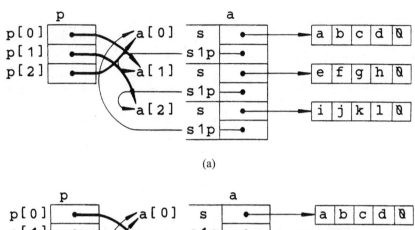

(a)

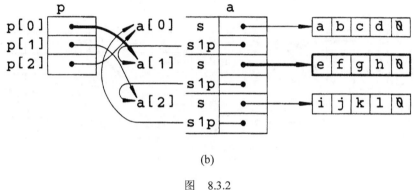

(b)

图　8.3.2

8.3.3

swap(*p,a)	p指向p[0]，所以*p将被求值为p[0]（也就是&a[1]）的内容。a将被求值为&a[0]。
temp = (&a[1])->s	这个表达式等价于temp=a[1].s。
(&a[1])->s = (&a[0])->s	这个表达式等价于a[1].s=a[0].s。
(&a[0])->s = temp	swap函数将把它的两个参数的s字段分别指向的两个字符串互换位置（如图8.3.3a所示）。
(p[0])->s, (*p)->s	（如图8.3.3b所示）
((*p)->s1p)->s	（如图8.3.3c所示）

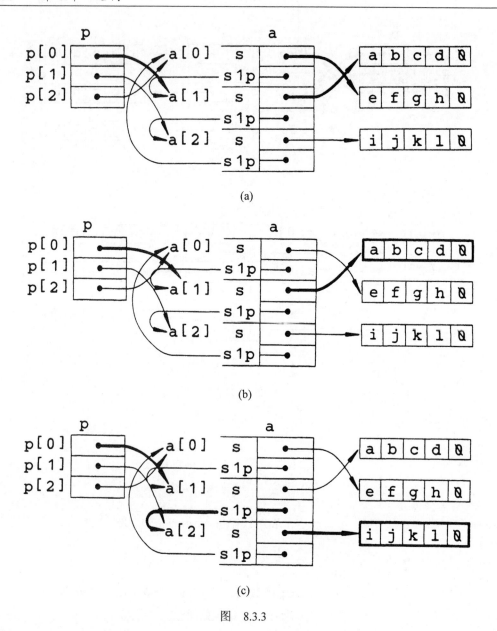

图 8.3.3

8.3.4

`swap(p[0], (p[0])->s1p)`   p[0]包含着&a[1]，(p[0])->s1p包含着&a[2]（如图 8.3.4a所示）。

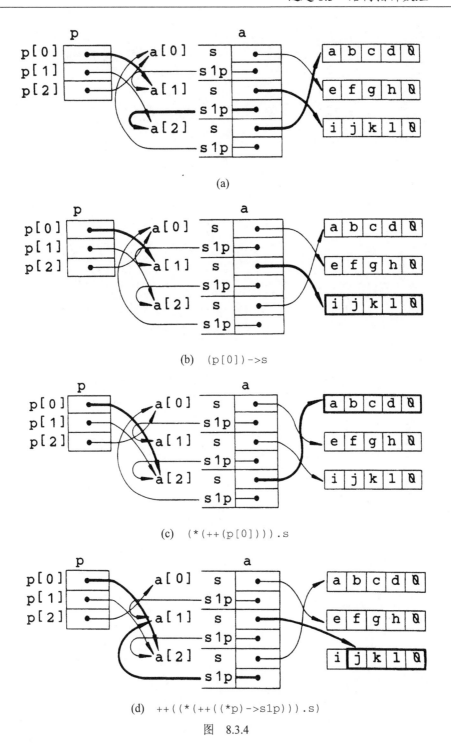

(a)

(b)　(p[0])->s

(c)　(*(++(p[0]))).s

(d)　++((*(++((*p)->s1p))).s)

图　8.3.4

第 *9* 章

预处理器

严格地讲，预处理器并不是C语言的组成部分，但几乎所有的C程序都需要借助它的帮助才能得到编译。它的两个最重要的功能是对C程序里的宏命令进行替换和导入各种头文件。

本章的重点是宏替换。如果运用得当，宏可以成为提高程序可读性和编程效率的有力工具；但如果运用不当的话，它也会像C语言的其他功能那样导致多种难以调试的错误。在解答本章谜题的时候，请大家一定要非常认真地按照宏定义的扩展规则去做。

谜题 9.1　C 语言的预处理器的宏命令替换功能

请问，下面这个程序的输出是什么？

```
#include <stdio.h>
#define FUDGE(k)        k+3.14159
#define PR(a)           printf(#a " = %d\t", (int)(a))
#define PRINT(a)        PR(a); putchar('\n' )
#define PRINT2(a,b)     PR(a); PRINT(b)
#define PRINT3(a,b,c)   PR(a); PRINT2(b,c)
#define MAX(a,b)        (a<b ? b : a)

main()
{

    {
```

```
    int x=2;
    PRINT ( x*FUDGE(2)  );                                    (9.1.1)
}


{
    int cel;
    for( cel=0; cel<=100; cel+=50 )
        PRINT2( cel,  9./5*cel+32 );                          (9.1.2)
}


{
    int x=1,  y=2 ;
    PRINT3( MAX(x++, y), x, y );
    PRINT3( MAX(x++, y), x, y );                              (9.1.3)
}
}
```

输出：

```
x*2+3.14159 = 7                                              (9.1.1)
cel = 0  cel = 50  cel = 100 9./5*cel+32 = 302              (9.1.2)
(x++<y ? : x++) = 2      x = 2      y = 2                   (9.1.3)
(x++<y ? : x++) = 3      x = 4      y = 2
```

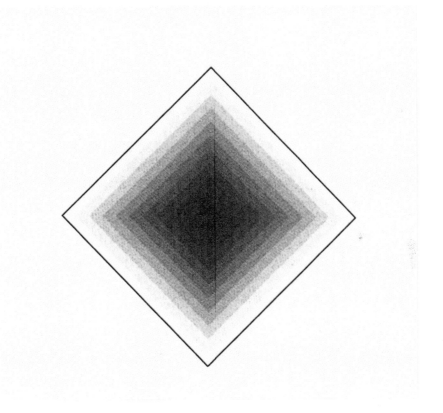

解惑 9.1　C 语言的预处理器的宏命令替换功能

9.1.1

```
int x=2;
PRINT( x*FUDGE(2));
```
要想理解一个宏的效果，必须先把它扩展开来。

```
FUDGE(2)
```
先把宏定义中的形式参数替换为实际参数。

```
k+3.14159
2+3.14159
```

```
PRINT( x*2+3.14159 );
```
再对实际参数进行扩展。

```
PR(a); putchar('\n')
```
然后对宏进行扩展。

```
PR(x*2+3.14159)
```
替换有关的参数。

```
printf(#a " = %d\t",(int)a)
```
继续进行扩展和替换，直到把所有的宏都处理完毕为止。

```
printf("x*2+3.14159" " = %d\t",
    (int) x*2+3.14159)
```

```
printf("x*2+3.14159" " = %d\t",
    (int)x*2+3.14159); putchar('\n');
```
最后，把宏调用替换为扩展结果。结果让人惊讶！这里将先进行乘法运算、再进行加法运算（最后还要舍弃整个计算结果的小数部分）。

请注意！如果使用不当，宏会给程序带来种种难以查找的隐患。在扩展一个宏的时候，一定要严格按照记号替换规则办事。C 语言的预处理器并不了解 C 语言。不过，只要严格遵守本节介绍的规则，绝大多数隐患都是可以避免的：

规则1： 只要一条宏定义语句里包含有操作符，就应该用括号把它括起来。

具体到这道谜题，如果把宏"FUDGE(k)"定义为"(k+3.14159)"——带有括号，对宏进行扩展而得到的字符串就不会与它的上下文发生纠缠并导致出乎意料的结果。

9.1.2

```
for(cel=0; cel<=100; cel+=50)
    PRINT2 ( cel, 9.5/5*cel+32 );
```

```
for(cel=0; cel<=100; cel+=50)
    PR (cel);
PRINT (9./5*cel+32);
```
先对宏调用 PRINT2 进行扩展。

```
for(cel=0; cel<=100; cel+=50)
    printf("cel" " = %d\t", (int)cel);
PRINT (9./5*cel+32);
```
再对宏调用 PR 进行扩展。

```
for(cel=0; cel<=100; cel+=50)
    printf("cel" " = %d\t", (int)cel);
PR(9./5*cel+32); putchar('\n');
```
对宏调用 PRINT 进行扩展。

```
for(cel=0; cel<=100; cel+=50)
    printf("cel" " = %d\t", (int)cel);
printf("9./5*cel+32" " = %d\t", (int)9./5*cel+32);
putchar('\n');
```
对宏调用 PR 进行扩展。

宏调用 PRINT2 看起来好像只有一条语句，但实际上却会扩展为 3 条。只有第一个 PR 是包含在 for 循环里的。第二个 PR 将在循环结束后才执行，而此时 cel=150。

规则 2：宏定义越紧凑越好；表达式比语句好，单条语句比多条语句好。

具体到这道谜题，把宏定义 PRINT 里的分号（;）替换为逗号（,）是符合"规则 2"的做法。

9.1.3

```
int x=1,  y=2;
PRINT3( MAX (x++, y),x,y );
(a<b ? b : a)
```
对宏调用MAX进行扩展（为了突出这道谜题和下一道谜题的要点，我们在解答本题和下一题时将不对PRINT宏进行扩展）。

```
(x++<y ? y : x++)
```
接下来，把形式参数替换为实际参数。

```
(1<2 ? y : x++), 且x=2
(y)
2
```
最后，进行求值。

```
PRINT3 ( MAX (x++, y),x,y ) ;
```
现在，执行第二个PRINT3调用。

```
(x++<y ? y : x++)
(2<2 ? y : x++), 且x=3
(x++)
3, 且x=4
```

x++在宏调用里只出现了一次，但在扩展结果里出现了两次，这使得x有时只递增一次、有时会递增两次。如何防止这种副作用对宏定义的编写者和使用者来说都是个负担。

规则3： 在宏定义里一定要注意避免使用会导致二义性或副作用的C语言元素。

规则3A： 在宏定义里避免使用有副作用的表达式。

宏定义里的副作用往往很难查纠。严格遵守"规则3"往往意味着需要把参数复制到宏里的局部变量；但这种额外开销将削弱宏调用相对于函数调用的速度优势。遵守"规则3A"需要程序员知道哪些例程是宏、哪些例程是函数——这显然会增加程序员的负担；往好处说，这与把某个例程单独编写为一个宏的初衷背道而驰；往坏处说，有副作用的宏根本不能用，而改写它又难免会牵涉其他的程序。

谜题 9.2　宏的副作用

请问，下面这个程序的输出是什么？

```
#include <stdio.h>
#define weeks(mins)     (days(mins)/7)
#define days(mins)      (hours(mins)/24)
#define hours(mins)     (mins/60)
#define mins(secs)      (secs/60)
#define PRINT(a)        printf(#a " = %d\n", (int) (a))
#define TRACE(x)        if(traceon) printf("Trace: "), PRINT(x)

#define g(a,b)          a a ## b(nd)
#define oo              "th"
#define oodbye(a)       "e e" # a

int traceon;

main()
{
    {
    PRINT( weeks(10080)  );
    PRINT( days(mins(86400)) );                          (9.2.1)
    }
    {
    int i;
    traceon = 1;
    for( i=20; i>0; i/=2 )  {
        if( i<10 ) TRACE(i);
        else puts("not yet");                            (9.2.2)
    }
    }

    {
    puts( g(oo, dbye)  );                                (9.2.3)
    }
}
```

输出:

```
weeks(10080) = 1
days(mins(86400)) = 1
Trace: i = 5
Trace: i = 2
Trace: i = 1
the end
```

(9.2.1)

(9.2.2)

(9.2.3)

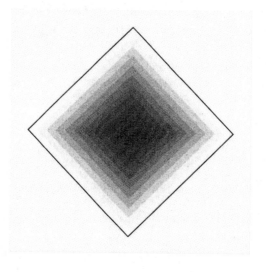

解惑 9.2 宏的副作用

9.2.1

```
PRINT( weeks(10080))
(days (10080)/7)
```
把宏调用全部替换为相应的宏定义。请注意，宏参数mins与宏mins之间不会发生冲突。

```
((hours(10080)/24)/7)
(((10080/60)/24)/7)
1
```
求值。

```
PRINT(days(mins(86400)) )
days ((secs/60))
```
扩展mins。

```
days((86400/60))
```
替换secs。

```
(hours((86400/60))/24)
```
扩展days。

```
(((86400/60)/60)/24)
```
扩展hours。

```
1
```
求值。

9.2.2

```
int i;
traceon = 1;
for( i=20; i>0; i/=2 ){
    if( i<10 ) TRACE(i);
    else puts("not yet");
}
```

```
if ( i<10 )
   if (traceon )
     printf("Trace: "), PRINT(x);
   else puts("not yet");
```
TRACE包含着一个没有封闭的if语句。扩展后，这个if语句将"霸占"紧跟在它后面的else子句。具体到这道谜题，这种"霸占"将使得puts调用只在i<10和!traceon这两个条件都成立时才会得到执行。

规则4：一定要让对宏进行扩展而得到的字符串——不管它是一个表达式、一条语句（不包括表示语句结束的分号）、还是一个语句块——成为一个完整的C语言元素。

具体到这道谜题，在TRACE宏的末尾加上一条空else子句就可以解决问题（请注意，在宏替换字符串的末尾加上一个花括号（也就是使之成为一个语句块）并不能真正解决这道谜题里的问题）。

关于宏和函数：在很多时候，一个例程既可以用宏来实现、也可以用函数来实现。使用一个宏的好处是它执行起来比较快，因为它没有函数调用方面的开销。使用一个函数的好处是可以避免我们在这几道与宏有关的谜题里见到的副作用，而且，如果某个程序需要多次调用同一个例程的话，把它编写为一个函数可以减少这个程序的内存占用量。我们因此得出了使用宏的最后一条规则：

规则5：宏越简单越好。如果无法得到一个简单的宏，就应该把它定义成一个函数。

9.2.3

```
puts(g(oo,dbye) );

g (oo, dbye)
```

`oo oo ## dbye(nd)`	扩展g。
`oo oodbye(nd)`	在对替换字符串里的宏进行扩展之前，C语言预处理器将先对"#"和"##"操作符进行处理。"##"操作符将合并它的两个操作数。
`"th" oodbye(nd)`	扩展oo。
`"th" "e e" # nd`	扩展oodbye。
`"th" "e e" "nd"`	处理"#"操作符。
`"the end"`	结束。

附　录

附录 A　操作符优先级表

操　作　符	关联规则
关联操作符: () [] -> .	从左到右
一元操作符: ! ~ ++ -- + - (*type*) * & sizeof	从右到左
乘法和除法: * / %	从左到右
加法和减法: + -	从左到右
移位操作符: << >>	从左到右
关系操作符: < <= > >=	从左到右
"相等"比较: == !=	从左到右
位操作符: &	从左到右
位操作符: ^	从左到右
位操作符: |	从左到右
逻辑操作符: &&	从左到右
逻辑操作符: ||	从左到右
条件操作符: ?:	从右到左
赋值操作符: = += -=等等	从右到左
逗　　号: ,	从左到右

这个操作符优先级表给出的是操作符的相对优先级。优先级决定着操作符与操作数的绑定顺序。操作符是按照优先级从高到低的顺序（优先级高的操作符先于优先级低的操作符）与操作数进行绑定的。

在确定某个表达式里的两个操作符的相对优先级时，先在这个表格的"操作符"栏找到那两个操作符。在这个表格里排在靠前位置的操作符有着更高的优先级。如果那两个操作符出现在这个表格的同一行上，则需要根据相应的"关联规则"来决定它们与操作符的绑定顺序：如果关联规则是"从左到右"，在表达式里更接近左边的操作符将有着更高的优先级；如果关联规则是"从右到左"，情况则刚好反过来。

附录 B　操作符汇总表

算术操作符（操作数是数值和指针）

❑ 加法和减法

操 作 符	操作结果	限　　制
$x+y$	x和y的和	如果有一个操作数是一个指针，另一个必须是一个整数[1]
$x-y$	x减去y的差	如果有一个操作数是指针，另一个必须是一个整数或同一个基本类型的指针

❑ 乘法和除法

操 作 符	操作结果	限　　制
$x*y$	x和y的积	x、y不能是指针
x/y	x除以y的商	x、y不能是指针
$x\%y$	x除以y的余数	x、y不能是double、float或指针

❑ 符号

操 作 符	操作结果	限　　制
$-x$	x的算术负数	x不能是指针
$+x$	x	x不能是指针

❑ 递增和递减

操 作 符	操作结果	限　　制
$x++$（或$x--$）	x 先用x完成计算，再对它进行递增（或递减）	x必须是一个数值或一个指针
$++x$（或$--x$）	$x+1$（或$x-1$） 先对x进行递增（或递减），再用它完成计算	x必须是一个数值或一个指针

---

1. 这里所说的整数包括int、char、short和long类型，带符号和不带符号均可。

赋值操作符

操 作 符	操 作 结 果	限 制
$x = y$	把y的值（先把y转换为x的类型）赋给x	x、y可以是除数组以外的任何类型
$x\ op= y$	把$x\ op\ (y)$的值（先把y转换为x的类型）赋给x	x、y可以是除数组和结构以外的任何类型

二进制位操作符（操作数是整数）

❏ 逻辑运算

操 作 符	操 作 结 果	限 制
$x\ \&\ y$	对x和y进行按位与（AND）操作。如果x和y的第i位都是1，按位与操作的第i位结果将是1；否则是0	
$x\ |\ y$	对x和y进行按位或（OR）操作。如果x和y的第i位都是0，按位或操作的第i位结果将是0；否则是1	
$x\ \hat{}\ y$	对x和y进行按位异或（XOR）操作。如果x和y的第i位相同,按位异或操作的第i位结果将是0；否则是1	
$\sim x$	对x进行按位求反操作。1变成0，0变成1	

❏ 移位操作

操 作 符	操 作 结 果	限 制
$x << y$	把x左移y位，最低的y位用0填充	y必须是一个正数，而且不能大于计算机字长
$x >> y$	把x右移y位。如果x是一个正数，最高的y位用0填充；如果x是一个负数，用0还是用1来填充将取决于具体的C语言编译器	y必须是一个正数，而且不能大于计算机字长

逻辑操作符（操作数是数值和指针）

操 作 符	操 作 结 果	限 制
$x\ \&\&\ y$	对x和y进行逻辑与（AND）操作。如果x和y都是非零值，结果为1；否则，结果为0	操作结果的类型是int
$x\ ||\ y$	对x和y进行逻辑或（OR）操作。如果x和y都是零，结果为0；否则，结果为1	操作结果的类型是int
$!x$	对x进行逻辑非（NOT）操作。如果x是非零值，结果为0；否则，结果为1	操作结果的类型是int

比较操作符（操作数是数值和指针）

❑ 关系比较

操 作 符	操作结果	限　制
$x<y$（或$x>y$）	如果x小于（或大于）y，结果将是1；否则，结果将是0	操作结果的类型是int
$x<=y$（或$x>=y$）	如果x小于或等于（或"大于或等于"）y，结果将是1；否则，结果将是0	操作结果的类型是int

❑ "等于"比较

操 作 符	操作结果	限　制
$x==y$（或$x!=y$）	如果x等于（或不等于）y，结果将是1；否则，结果将是0	操作结果的类型是int

❑ 条件比较

操 作 符	操作结果	限　制
$x\,?\,y:z$	如果x是非零值，结果将是y；否则，结果将是z	

地址操作符

操 作 符	操作结果	限　制
$*x$	从x所指向的地址按照x的基类型取出一个值	x必须是一个指针
$\&x$	x的地址	x必须代表着一个值
$x[y]$	按照这个地址操作数（即$(x+y)$）的基类型取出一个值	在x和y这两个操作数当中，必须有一个是地址，另一个则必须是整数
$x.y$	结构x的y字段的值	x必须是一个结构，y必须是该结构的一个字段
$x->y$	x所指向的那个结构的y字段的值	x必须是一个指向某个结构的指针，y必须是该结构的一个字段

类型操作符

操 作 符	操作结果	限　制
$(type)\,x$	把x转换为$type$类型	x可以是任何表达式
sizeof x	x的字节长度	x可以是任何表达式
sizeof$(type)$	一个$type$类型的对象的字节长度	

序列操作符

操 作 符	操作结果	限　制
$x,\,y$	y 先对x进行求值，再对y进行求值	x、y可以是任何表达式

附录 C ASCII 字符表

八进制:

```
|000 nul|001 soh|002 stx|003 etx|004 eot|005 enq|006 ack|007 bel|
|010 bs |011 ht |012 nl |013 vt |014 np |015 cr |016 so |017 si |
|020 dle|021 dc1|022 dc2|023 dc3|024 dc4|025 nak|026 syn|027 etb|
|030 can|031 em |032 sub|033 esc|034 fs |035 gs |036 rs |037 us |
|040 sp |041 !  |042 "  |043 #  |044 $  |045 %  |046 &  |047 '  |
|050 (  |051 )  |052 *  |053 +  |054 ,  |055 -  |056 .  |057 /  |
|060 0  |061 1  |062 2  |063 3  |064 4  |065 5  |066 6  |067 7  |
|070 8  |071 9  |072 :  |073 ;  |074 <  |075 =  |076 >  |077 ?  |
|100 @  |101 A  |102 B  |103 C  |104 D  |105 E  |106 F  |107 G  |
|110 H  |111 I  |112 J  |113 K  |114 L  |115 M  |116 N  |117 O  |
|120 P  |121 Q  |122 R  |123 S  |124 T  |125 U  |126 V  |127 W  |
|130 X  |131 Y  |132 Z  |133 [  |134 \  |135 ]  |136 ^  |137 _  |
|140 `  |141 a  |142 b  |143 c  |144 d  |145 e  |146 f  |147 g  |
|150 h  |151 i  |152 j  |153 k  |154 l  |155 m  |156 n  |157 o  |
|160 p  |161 q  |162 r  |163 s  |164 t  |165 u  |166 v  |167 w  |
|170 x  |171 y  |172 z  |173 {  |174 |  |175 }  |176 ~  |177 del|
```

十进制:

```
|  0 nul|  1 soh|  2 stx|  3 etx|  4 eot|  5 enq|  6 ack|  7 bel|
|  8 bs |  9 ht | 10 nl | 11 vt | 12 np | 13 cr | 14 so | 15 si |
| 16 dle| 17 dc1| 18 dc2| 19 dc3| 20 dc4| 21 nak| 22 syn| 23 etb|
| 24 can| 25 em | 26 sub| 27 esc| 28 fs | 29 gs | 30 rs | 31 us |
| 32 sp | 33 !  | 34 "  | 35 #  | 36 $  | 37 %  | 38 &  | 39 '  |
| 40 (  | 41 )  | 42 *  | 43 +  | 44 ,  | 45 -  | 46 .  | 47 /  |
| 48 0  | 49 1  | 50 2  | 51 3  | 52 4  | 53 5  | 54 6  | 55 7  |
| 56 8  | 57 9  | 58 :  | 59 ;  | 60 <  | 61 =  | 62 >  | 63 ?  |
| 64 @  | 65 A  | 66 B  | 67 C  | 68 D  | 69 E  | 70 F  | 71 G  |
| 72 H  | 73 I  | 74 J  | 75 K  | 76 L  | 77 M  | 78 N  | 79 O  |
| 80 P  | 81 Q  | 82 R  | 83 S  | 84 T  | 85 U  | 86 V  | 87 W  |
| 88 X  | 89 Y  | 90 Z  | 91 [  | 92 \  | 93 ]  | 94 ^  | 95 _  |
| 96 `  | 97 a  | 98 b  | 99 c  |100 d  |101 e  |102 f  |103 g  |
|104 h  |105 i  |106 j  |107 k  |108 l  |109 m  |110 n  |111 o  |
|112 p  |113 q  |114 r  |115 s  |116 t  |117 u  |118 v  |119 w  |
|120 x  |121 y  |122 z  |123 {  |124 |  |125 }  |126 ~  |127 del|
```

附录 D 类型转换表

```
long double
    ↑
double
    ↑
float
    ↑
unsigned long
    ↑
long
    ↑
unsigned int   (←  unsigned short)
    ↑
int  ←  char, short
```

这个类型转换表列出了算术类型的类型转换顺序。在对一个二元算术操作符求值之前，必须先把它的两个操作数统一为相同的类型——类型较高的那个操作数的类型。这个图里的竖向箭头给出了基本的顺序：long double类型的级别最高，int类型的级别最低。在不同的C语言实现里，有些级别可能是一样的；比如说long double与double同级，long与int同级，等等。这个图里的横向箭头表明了类型之间的自动转换情况：char和short类型的操作数总是先转换为int类型，再用来完成有关的操作。对于一个unsigned short类型的操作数，如果它的值可以被表示为一个int，它将被转换为一个int；否则，它将被转换为一个unsigned int。